• 浙江生物多样性保护研究系列 •
Biodiversity Conservation Research Series in Zhejiang, China

浙江叶蜂原色图鉴

The Color Atlas of Sawflies in Zhejiang Province

李泽建　钟义海　刘萌萌　魏美才 / 编著
Li Zejian, Zhong Yihai, Liu Mengmeng, Wei Meicai

中国农业科学技术出版社
China Agricultural Science and Technology Press

图书在版编目（CIP）数据

浙江叶蜂原色图鉴 / 李泽建等编著. -- 北京 ： 中国农业科学技术出版社，2024.9. -- ISBN 978-7-5116-7001-4

Ⅰ. Q969.54-64

中国国家版本馆 CIP 数据核字第 2024QE6800 号

责任编辑　张志花
责任校对　王　彦
责任印制　姜义伟　王思文

出 版 者　中国农业科学技术出版社
　　　　　北京市中关村南大街 12 号　　邮编：100081
电　　话　（010）82106636（编辑室）（010）82106624（发行部）
　　　　　（010）82109709（读者服务部）
网　　址　https://castp.caas.cn
经 销 者　各地新华书店
印 刷 者　北京科信印刷有限公司
开　　本　185 mm × 260 mm　1/16
印　　张　46.25
字　　数　600 千字
版　　次　2024 年 9 月第 1 版　2024 年 9 月第 1 次印刷
定　　价　598.00 元

Biodiversity Conservation Research Series in Zhejiang, China

The Color Atlas of Sawflies in Zhejiang Province

Li Zejian, Zhong Yihai, Liu Mengmeng, Wei Meicai

China Agricultural Science and Technology Press

《浙江叶蜂原色图鉴》

编 委 会

编　　著：

李泽建　钟义海　刘萌萌　魏美才

编　　委（排名不分先后）：

魏美才　聂海燕　李泽建　刘萌萌　钟义海　牛耕耘　晏毓晨
刘　琳　王汉男　姜吉刚　褚　彪　王军峰　吴东浩　潘心禾
叶立新　陈小荣　刘玲娟　吴友贵　叶和军　蒋燕锋　周荣飞
赵明水　沈庆华　刘胜龙　吴家连　庞春梅　朱志成　李美琴
叶珍林　蔡焕满　刘　西　戴海英　陈定云　徐　必　梁香媚
杨艺薇　黄宇南　何晓菲　张海龙　吴国华　瞿承伟　张　军
刘　燕　陈吴伟　熊艳云　吴逸卿　王　丹　方万力　吴素美
钟祺裕　高　凡　吴淑倩

物种鉴定：

魏美才　李泽建　牛耕耘　刘萌萌　钟义海　晏毓晨　刘　琳
王汉男

标本拍摄：

李泽建　刘萌萌　魏美才　牛耕耘

叶蜂摄影：

李泽建　杨熤傲　刘萌萌　彭念慈　雷大勇　高宏颖　王军峰
高　凡　姜吉刚　蒋　纯　褚　彪　高一杰　唐冠忠　母银林
付怀军　付应林　安广池

植物摄影：

吴东浩　王军峰　李泽建　刘胜龙　刘玲娟

完成单位：

华东药用植物园科研管理中心
中国热带农业科学院环境与植物保护研究所
丽水学院
江西师范大学

前　言

《浙江叶蜂原色图鉴》一书是作者及团队成员经过 11 年（2013—2024 年）的详细调查撰写而成的一部专业性较强、科普性较强、可读性较强的林木食叶害虫——叶蜂类昆虫生物学专著。本书是继李泽建博士领衔的丽水市生物多样性保护与资源创新研究团队出版并纳入浙江生物多样性保护研究系列卷册中的第七部生物物种多样性著作，更是国内外第一部以叶蜂物种及其寄主植物照片为题材的叶蜂类昆虫识别生物图鉴。本书的顺利出版得到了“浙江省企业博士后科研工作站建设（博士后日常经费资助研究专项）”“丽水市 2021 年和 2023 年博士后科研工作站绩效考核奖励专项”“百山祖国家公园科学研究项目（No. 2021KFLY08）”“百山祖园区揭榜挂帅科研项目（No. 2023JBGS07）”“《浙江叶蜂物种资源调查及原色图鉴》编著（No. 2021 YZY01）”经费的联合资助。

叶蜂是为害林木的一类重要食叶害虫，幼虫以取食植物叶片或钻蛀植物茎干造成为害，目前全世界已知约 10 000 种，中国记载 3 100 种，浙江分布 750 余种（包括本书记述的新种）。本书以浙江境内分布的叶蜂物种为研究基础，采集生境以森林生态系统和湿地生态系统为主，涉及天目山、清凉峰、凤阳山、百山祖、四明山、九龙山、乌岩岭、古田山、巾子峰、九龙湿地、峰源、白云山等国家公园主体、自然保护地、自然保护区、国家森林公园和国家湿地公园。本书以叶蜂类昆虫物种多样性为主线，以贯穿部分叶蜂种类的寄主植物为辅线，提供叶蜂物种针插标本图版 504 版（除个别物种外，标尺统一使用 2mm），叶蜂生态照片 160 张，寄主植物生态照片 124 张，生境照片 100 张，采集工作照片 11 张，图片精美高清、数据翔实准确。

本书收录叶蜂 12 科 146 属 504 种，分别给出了各科的主要鉴别特征、主要寄主植物、分科检索表、世界种类分布与中国种类分布状况，部分叶蜂物种提供了寄主植物照片，为研究叶蜂的物种多样性提供了全面而有力的证据。本书可供从事生物学、昆虫学、森林保护学、植物保护学等学科专业教学、科学研究以及科普教育人员参考使用。

李泽建

中国科学院动物研究所　生物学博士后
华东药用植物园科研管理中心　正高级工程师
2024 年 6 月 1 日于丽水

目　录
CONTENTS

第一部分
PART 1

总　论
GENERAL

膜翅目 Hymenoptera 基部支系蜂类是一类低等的植食性类群，该类群是一并系群，没有共近裔性状。该基部支系与膜翅目其余类群的区别主要是腹部第 1、第 2 节间不缢缩，第 1 节不与后胸合并，前翅通常至少具 1 个封闭的臀室（尾蜂科 Orussidae 除外），后翅至少具 3 个闭室，通常具 5 个以上的闭室，除茎蜂科 Cephidae 以外均具淡膜区。

基部支系蜂类成虫生活期短暂，不取食或仅取食植物花粉和汁液，对植物不造成为害，相反还有助于植物传粉。部分种类成虫不取食，产卵后即死去。许多种类成虫需要补充营养，须取食水分、花蜜和花粉等。成虫如有访花习性，其访花范围一般显著宽于幼虫的寄主植物范围，访花时偶有捕食小型昆虫和蜘蛛的行为。少数成虫有同类相残习性、假死习性和护卵行为。成虫孤雌生殖现象比较常见。除尾蜂科外幼虫均为植食性，幼虫食性通常比较专化。

目前，该基部支系类群现生种类分为 20 科，中国浙江记录了 12 科。其中，七节叶蜂科 Heptameliidae 是新近从叶蜂科中独立出来的（Malm & Nyman, 2014），残青叶蜂科 Athaliidae 刚刚被从叶蜂科下的残青叶蜂亚科 Athaliinae 提升为科级阶元（Niu et al., 2022）。

本图鉴提供了中国浙江膜翅目基部支系分亚目和除细腰亚目外分科检索表。在众多的形态学特征中，触角的形态构造与颜色通常被用于分科，代表种类的触角类型如图 1-1 和图 1-2 所示。

本图鉴记载 12 科 146 属 504 种（含 2 亚种），含新种 21 种、浙江省新记录种 5 种、江苏省新记录种 3 种、福建省新记录种 1 种、江西省新记录种 1 种。模式标本除另有注明外，均保存于江西南昌亚洲叶蜂博物馆（ASMN）。

中国浙江膜翅目基部支系分亚目和除细腰亚目外分科检索表（魏美才，2024）

1 后胸背板具 1 对淡膜区，极少淡膜区失能，但仍保留痕迹；腹部第 1 节背板独立，不与后胸背板合并；腹部第 1 节与第 2 节之间不显著缢缩形成次生关节；翅若发达，则后翅封闭的翅室不少于 4 个。幼虫通常具触角和胸足，植食性；仅尾蜂亚目幼虫无足，寄生性 ………………………… 2

后胸背板无淡膜区；腹部第 1 节背板与后胸背板完全合并形成并胸腹节；腹部第 1 节与第 2 节之间显著缢缩，形成明显关节（少数类群缢缩次生弱化或消失）；翅若发达，则后翅封闭的翅室不多于 3 个。幼虫无足，头部包括触角退化，通常寄生性和捕食性，少数类群次生植食性、杂食性 ……………………………………………………………………………… 细腰亚目 Apocrita

2 前翅 Rs 脉端部二分支；后翅 M 脉和 Cu 脉基部分离；触角鞭节由一个多节愈合成的基部长棒状节和多节的端丝组成，棒状节至少由 8 个原节合并而成；中胸前气门后片（中胸前上侧片）与侧板愈合。幼虫触角 6~7 节，腹部每节均具腹足 1 对，末端无尾须。棒蜂亚目 Xyelomorpha 棒蜂总科 Xyeloidea …………………………………………………………………… 8

前翅 Rs 脉端部不分支；后翅 M 脉与 Cu 脉基部不分离；触角鞭节多节丝状，第 1 节如为长棒状，则端部最多接续 1 个小节；中胸前气门后片与侧板分离。幼虫腹部最多具 8 对腹足，至少第 1、第 9 节无腹足 ………………………………………………………………… 3

3 雄性外生殖器正常，不扭转180°；后头孔下侧具后颊桥或完全四孔式封闭，极少无后颊桥，具下颚桥，则后胸无淡膜区；触角非9节；前胸背板中部通常较长，后缘直，两侧不扩张或稍扩张（项蜂科除外）。幼虫暴露生活或隐蔽蛀茎，极少寄生性；无腹足；具尾须或臀突……………… 4

雄性外生殖器扭转180°；后头孔通常开式，无后颊桥，少数具狭窄的下颚桥；后胸淡膜区发达；前胸背板中部狭窄，后缘深凹弧形，两侧显著扩张；前翅中室通常无背柄，如具短背柄，则触角9节；雄虫阳茎瓣侧突中位，自阳茎瓣中部伸出。幼虫暴露生活，极少潜叶、做瘿或蛀果，单眼位于触角上方；腹足多对，极少无腹足；无尾须和臀突；全部植食性。叶蜂亚目 Tenthredinomorpha ………………………………………………………………………………………………… 9

4 后头孔开式，无口后桥；触角3~4节，第3节长棒状，第4节极微小或缺；前翅中室梨形，背缘圆弧形；雄虫阳茎瓣侧突低位，靠近阳茎瓣柄基部。幼虫蛀食蕨类植物假叶柄，腹部8~9节各具1对侧突，无尾突，具3节的短小腹侧尾须，幼虫单眼在触角背侧。茸蜂亚目 Blasticotomomorpha 茸蜂总科 Blasticotomoidea…………………………………………… **茸蜂科 Blasticotomidae**

后头孔完全闭式，或具后颊桥或下颚桥；触角多于10节，长丝状；前翅中室非梨形，背侧翅脉显著多角形弯折；雄虫阳茎瓣侧突居阳茎瓣中部，有时消失，绝不靠近阳茎瓣柄基部。幼虫不取食蕨类；蛀干类群腹部8~9节背板无侧突，具尾突或细长尾须；寄生类群胸腹部无足和附器 5

5 头型四孔式，上颚孔独立；头部和腹部明显平扁；上颚镰刀形强烈延长；前足胫节端距1对，中后足胫节具亚端距。幼虫暴露生活，食叶，胸足发达；腹部无尾突；触角长，7节；尾须细长，3节。扁蜂亚目 Pamphiliomorpha 扁蜂总科 Pamphilioidea ……………………………14

头型二孔式，无封闭的上颚孔；头部和腹部不平扁；上颚不显著延长，通常显著短缩；前足胫节具1个端距，极少具1长1短两个端距，中后足最多具1组亚端距。幼虫隐蔽生活，蛀茎或寄生性，胸足退化或缺，无尾须；触角1~5节，较短；蛀干类群具臀突；寄生类群腹部无附器 … 6

6 触角着生于唇基上侧，雌虫触角第9节正常，与前后节类似；头部背侧无冠突；翅脉正常发育，不明显弱化；雌虫产卵器不盘卷于腹部内。幼虫植食性，蛀茎，具胸足，腹部末端具臀突…… 7

触角着生于唇基腹侧，雌虫10节，第9节锥状膨大，雄虫11节，简单丝状；头部背侧具环形排列的冠突；前翅翅脉高度弱化，多数痕状；雌虫产卵器细长，不用时盘卷在腹部内。幼虫寄生，象虫型，无单眼，胸腹部无足、无附器。尾蜂亚目 Orussomorpha 尾蜂总科 Orussoidea ………… ……………………………………………………………………………… **尾蜂科 Orussidae**

7 后胸背板淡膜区发达，具固定翅的功能；翅可折叠放置于虫体背侧；头部后侧具下颚桥，无后颊桥；腹部第1背板中部不前伸，第1、第2节间不关节化；中后胸侧板完整，上半部非膜质；前足转节着生于基节末端；雄虫抱器具吸盘。幼虫蛀食木本植物树干，触角1节或3节，无单眼。树蜂亚目 Siricomorpha 树蜂总科 Siricoidea ………………………………………………15

后胸背板淡膜区痕迹状或消失，不能固定翅；翅不能折叠停息在虫体背侧；头部后侧具后颊桥，无下颚桥；腹部第1背板中部明显前伸，有与后胸背板愈合的倾向，腹部第1、第2节间半关节化；中后胸侧板特化，上半部大部分膜质；前足转节着生于基节中部；雄虫抱器无吸盘。幼虫蛀食木本植物嫩茎或草本植物茎秆，触角4~5节，具单眼，位于触角后下方。茎蜂亚目 Cephomorpha 茎蜂总科 Cephoidea ……………………………………… **茎蜂科 Cephidae**

8 雄性外生殖器180° 扭转；前翅Sc脉主干与R脉合并，仅端部游离，位于R脉内侧；翅痣宽大，明显宽于2r脉长；触角第3节由8个原节组成，端丝约等长于第3节；无翅缘毛；产卵器十分狭长；体微小，短于4 mm。幼虫腹部1~8节各具3个小环节，下颚内颚叶端部无粗齿，腹足显著退化成肉垫形，臀板无臀突；取食裸子植物花锥或嫩芽………………… **棒蜂科 Xyelidae**

雄性外生殖器不扭转；前翅 Sc 脉全长独立，端部位于 R 脉基部外侧；翅痣狭长，明显窄于 2r 脉长；触角第 3 节由 16 个以上的原节组成，端丝短于第 3 节一半长；有翅缘毛；产卵器宽短，菜刀状；体中大型，长于 9 mm。幼虫腹部 1~8 节各具 4 个小环节，下颚内颚叶端部具粗齿，腹足显著，臀板具臀突；取食被子植物叶片…………………………… **大棒蜂科 Macroxyelidae**

9 胸部具中胸腹板侧沟；触角 3 节，第 3 节长棒状或音叉形；中胸后上侧片鼓凸；雄性通常无副阳茎；前翅缺 2r 脉，端臀室约等长于 1A 脉 1/3；胫节常具亚端距。幼虫触角 1 节。三节叶蜂总科 Argoidea ……………………………………………………………………… **三节叶蜂科 Argidae**

胸部无中胸腹板侧沟；触角不少于 5 节，第 3 节不呈长棒状；雄性外生殖器具副阳茎；前翅 2r 脉通常存在，臀室通常完整，如果具柄式，则端臀室不短于臀室柄长；胫节无亚端距。幼虫触角 2~5 节。叶蜂总科 Tenthredinoidea ………………………………………………………… **10**

10 中胸小盾片后部具发达附片……………………………………………………………… **11**

中胸小盾片后部无明显附片……………………………………………………………… **13**

11 中胸后上侧片明显鼓凸，中胸侧板沟显著弯折；触角不少于 10 节，丝状，无齿突 ……………………………………………………………………………… **残青叶蜂科 Athaliidae**

中胸后上侧片平坦或稍凹入，中胸侧板沟不明显弯折；触角通常 9 节或更少，如果多于 9 节，则鞭节为栉齿状……………………………………………………………………………… **12**

12 触角通常 7 节，极少 8 节；翅痣短宽，中部宽度等于 2r 脉长。幼虫触角 3 节 ……………………………………………………………………………… **七节叶蜂科 Heptamelidae**

触角 9 节或更多，通常 9 节；翅痣较窄，中部宽明显小于 2r 脉长。幼虫触角 5 节 ……………………………………………………………………………… **叶蜂科 Tenthredinidae**

13 前翅具 2 r 脉；前缘脉和亚前缘脉互相靠近，前缘室十分狭窄，几乎消失；后翅 R1 室端部封闭；触角 5~7 节，第 3 节数倍长于第 1、第 2 节，鞭节端部明显棒槌状膨大；前胸侧板腹面宽阔接触并与腹板愈合；后胸侧板大，与第 1 腹节背板愈合；第 1 腹节背板通常无中缝；腹部具缘脊。幼虫触角 2 节…………………………………………………………… **锤角叶蜂科 Cimbicidae**

前翅无 2r 脉；前缘脉和亚前缘脉互相远离，前缘室宽大；后翅 R1 室端部开放；触角不少于 12 节，第 3 节最多稍长于第 1、第 2 节，鞭节栉齿状，端部不膨大；前胸侧板腹面尖且互相远离，不与腹板合并；后胸侧板小，不与腹部第 1 背板愈合；第 1 腹节背板具明显中缝；腹部圆筒形，无侧缘脊。幼虫触角 3 节…………………………………………………… **松叶蜂科 Diprionidae**

14 前翅 Sc 脉除末端外全长游离，不与 R 脉愈合；1M 脉与中室背柄呈夹角，中室背柄很短；cu-a 脉交于 1M 室中部外侧；中胸小盾片具发达附片；腹部第 2 背板中央分裂…………………………………………………………………………………………………… **扁蜂科 Pamphiliidae**

前翅 Sc 脉与 R 脉大部分愈合，仅端部游离；1M 脉与中室背柄直线状相连，中室背柄与 M 脉近等长；cu-a 脉交于 1M 室基端，与 1M 脉顶接；中胸小盾片无附片；腹部第 2 背板中部不分裂 ……………………………………………………………………………… **广蜂科 Megalodontesidae**

15 下唇愈合成一体，下颚须 1 节；前胸背板横方形，前后缘等宽，前坡陡峭；中胸背板无明显盾侧凹，具三角片，翅基片消失；前翅 M 脉与中室背柄（Rs 脉第 1 段）连成直线，指向翅的前后缘；雌虫第 9 节背板中部具凹盘，尾节具显著端突……………………………… **树蜂科 Siricidae**

下唇不愈合，下颚须 3~6 节；前胸背板领状，前坡不陡峭，中部狭窄，两侧强烈扩大；中胸背板具发达盾侧凹，无三角片，翅基片存在；前翅 M 脉与中室背缘 Rs 脉第 1 段垂直，Rs 脉第 1 段指向翅的外缘；雌虫第 9 节背板无凹盘，尾节无端突………………………… **项蜂科 Xiphydriidae**

a. 蓝腹巨棒蜂 *Megaxyela euchroma*，雌；b. 丽水刺背三节叶蜂 *Spinarge lishui*，雌；c. 丽水刺背三节叶蜂 *Spinarge lishui*，雄；d. 萌萌丑锤角叶蜂 *Zaraea mengmeng*，雌；e. 杨锤角叶蜂 *Cimbex connatus taukushi*，雌；f. 黄翅丽锤角叶蜂 *Abia imperialis*，雌；g. 红棕细锤角叶蜂 *Leptocimbex tonkinensis*，雌；h. 丽水大松叶蜂 *Macrodiprion lishui*，雌；i. 远东广蜂 *Megalodontes spiraeae spiraeae*，雌；j. 纹背三节茸蜂 *Runaria striatana*，雌；k. 黄肩亚旋茎蜂 *Neosyrista incisus*，雌；l. 天目山扁蜂 *Pamphilius tianmushanus*，雌；m. 天目山扁蜂 *Pamphilius tianmushanus*，雄；n. 柳杉华扁蜂 *Chinolyda flagellicornis*，雌；o. 柳杉华扁蜂 *Chinolyda flagellicornis*，雄；p. 红头肿角项蜂 *Euxiphydria potanini*，雌；q. 黑顶扁角树蜂 *Tremex apicalis*，雄。

图 1-1 叶蜂各科代表种类触角侧面观

a. 黑转钩瓣叶蜂 *Macrophya nigrotrochanterata*，雌；b. 黑转钩瓣叶蜂 *Macrophya nigrotrochanterata*，雄；c. 天目长背叶蜂 *Strongylogaster tianmunica*，雌；d. 天目长背叶蜂 *Strongylogaster tianmunica*，雄；e. 红背侧齿叶蜂 *Neostromboceros rufithorax*，雌；f. 红背侧齿叶蜂 *Neostromboceros rufithorax*，雄；g. 木兰巨基叶蜂 *Megabeleses magnoliae*，雌；h. 木兰巨基叶蜂 *Megabeleses magnoliae*，雄；i. 褐脊大黄叶蜂 *Tenthredo pseudoxanthopleurita*，雌；j. 褐脊大黄叶蜂 *Tenthredo pseudoxanthopleurita*，雄；k. 斜脊亚黄叶蜂 *Tenthredo carinacestanella*，雌；l. 斜脊亚黄叶蜂 *Tenthredo carinacestanella*，雄；m. 红胸元叶蜂 *Taxonus rufithorax*，雌；n. 红胸元叶蜂 *Taxonus rufithorax*，雄；o. 川陕元叶蜂 *Taxonus chuanshanicus*，雌。

图 1-2　叶蜂科代表属种类触角侧面观

第二部分
PART 2

各 论
VARIOUS DISCUSSIONS

一、棒蜂科 Xyelidae

鉴别特征：体长短于 4 mm；唇基前缘中部弱弧形突出，中部不尖，无缺口；下颚须第 3 节显著粗大；复眼较小，间距显著宽于复眼长径；颚眼距明显宽于单眼直径，通常稍窄于触角窝间距；头部背侧刻纹微弱或不明显；触角第 1 节 3~4 倍于第 2 节长；第 3 节约等长于头部宽，通常明显短于触角端丝长；前翅 R 脉第 1 段显著长于 1 M 脉；后翅臀室具长柄；后足基跗节不膨大，爪内齿微小或缺如；雌虫产卵器狭窄，通常长剑状，中基部不明显宽大，端部不急尖。

分布：全北界。

本图鉴记载 1 属 1 种。

寄主植物：松科 Pinaceae。

1 中华棒蜂 *Xyela sinicola* Maa, 1947　江西省新记录种

分布：中国浙江（杭州市、丽水市），陕西，江苏，湖南，江西，福建，香港。

寄主植物：冷杉 *Abies fabri*、马尾松 *Pinus massoniana*。

马尾松

马尾松

中华棒蜂

中华棒蜂 ***Xyela sinicola*** **Maa, 1947**

二、大棒蜂科 Macroxyelidae

鉴别特征：大型棒蜂，体长于 9.0 mm；虫体刻纹粗密；下唇须 4 节；唇基前缘中部强烈突出，端部狭窄；复眼间距显著宽于复眼长径，内眶细脊发育；颚眼距约等宽于单眼直径；触角第 1 节 3~4 倍于第 2 节长；第 3 节显著长于头宽，至少由 16 个原节组成；端丝很短，7~9 节，总长短于第 3 节一半；前翅 Sc 脉分叉处远离 R 脉起点，R 脉第 1 段显著长于 1 M 脉；后翅臀室具长柄；后足 1.5~2 倍于体长，基跗节明显膨大，爪内齿发达；雌虫产卵器较宽短，长稍大于宽，基部明显宽大，端部急尖；产卵器长大，暴露部分较短，中部明显加粗；锯背片和锯腹片均具可分辨的很多狭窄环节；阳茎瓣头叶具较密集的长毛，侧突发达。雄虫外生殖器强骨化，生殖茎节长，抱器端部内侧具吸盘。

分布：东亚、新北界。

本图鉴记载 1 属 3 种。

寄主植物：胡桃科 Juglandaceae、榆科 Ulmaceae。

2 蓝腹巨棒蜂 *Megaxyela euchroma* Blank, Shinohara & Wei, 2017

分布：中国浙江（天目山）。

寄主植物：山核桃 *Carya cathayensis*。

蓝腹巨棒蜂 ***Megaxyela euchroma*** **Blank, Shinohara & Wei, 2017**

3 黄褐巨棒蜂 *Megaxyela fulvago* Blank, Shinohara & Wei, 2017

分布： 中国浙江（天目山、百山祖），江苏，江西，湖南。

寄主植物： 泡核桃 *Juglans sigillata*、胡桃楸 *Juglans mandshurica*。

胡桃楸

黄褐巨棒蜂

黄褐巨棒蜂

黄褐巨棒蜂 ***Megaxyela fulvago*** **Blank, Shinohara & Wei, 2017**

4 白痣巨棒蜂 *Megaxyela leucostigma* Niu, Xiao & Wei, 2021

分布：中国浙江（天目山）。

寄主植物：山核桃 *Carya cathayensis*。

白痣巨棒蜂 ***Megaxyela leucostigma*** **Niu, Xiao & Wei, 2021**

三、茸蜂科 Blasticotomidae

鉴别特征： 体小型；触角第 1 节短小，约等长于第 2 节，第 3 节由多节愈合成长棒状，无分节痕迹，端部具 0~1 个小节；中胸背板盾侧凹宽大且深，背板前叶大三角形，小盾片无附片；后胸短小，淡膜区发达；翅痣显著宽于 2r 脉长，翅脉不伸抵翅外缘，Sc 脉大部分与 R 脉愈合，前缘室狭窄，Rs 脉第 2 段退化，cu-a 脉交于 1M 室下缘外侧 1/4 左右，臀室完整，臀横脉倾斜，位于臀室中部外侧；后翅前缘具 1 丛翅钩列，R1、Rs 和 M 室封闭，臀室封闭，端部具短柄；中后足无亚端距，爪小型；腹部具侧纵脊；产卵器短小，稍伸出腹部末端；阳茎瓣具端丝。幼虫触角 6 节，腹部 8~9 节各具 1 对侧突，无尾突；尾须短小，3 节。

分布： 古北界。

本图鉴记载 1 属 1 种。

5 刻盾三节茸蜂 *Runaria punctata* Wei, 1999

分布： 中国浙江（天目山、四明山），河南。

刻盾三节茸蜂 ***Runaria punctata*** **Wei, 1999**

四、三节叶蜂科 Argidae

鉴别特征： 体较粗短，中小型，长 4.0~15.0 mm；头部横宽，后头孔开式；上颚不发达，具额唇基缝；触角 3 节，第 3 节长棒状或音叉状；前胸背板中部极短，两侧宽大，后缘强烈凹入；前胸侧板腹侧尖，不接触；小盾片发达，无附片；中胸腹板具侧沟；中后胸后上侧片显著鼓凸，侧腹板沟显著，无胸腹侧片；淡膜区间距窄；后胸侧板小，与腹部第 1 背板愈合，具明显的愈合线；前足胫节具 1 对简单的端距，各足胫节无亚端距或中后足具 1 个亚端距，基跗节较发达；爪通常简单；前翅无 2r 脉，R+M 脉短或缺，cu-a 脉位于 M 室中部附近，臀室中部极宽地收缩，或基臀室开放；后翅具 5~6 个闭室，通常具 2 个封闭中室，臀室有时端部开放；腹部不扁平，无侧缘脊；产卵器短，有时很宽大。幼虫多足型，腹部具 6~8 对足，常具侧缘瘤突，触角 1 节。

分布： 世界广布。

本图鉴记载 8 属 52 种。

寄主植物： 薯蓣科 Dioscoreaceae、杜鹃花科 Ericaceae、蔷薇科 Rosaceae、榆科 Ulmaceae。

（一）三节叶蜂亚科 Arginae

6 震旦黄腹三节叶蜂 *Arge aurora* Wei, 2022

分布： 中国浙江（天目山、凤阳山、百山祖、莫干山、杭州市、龙王山、清凉峰、四明山、长兴县、丽水市、大洋山、乌岩岭），内蒙古，甘肃，陕西，山西，山东，河北，河南，江苏，安徽，湖北，重庆，四川，上海，福建，江西，湖南，贵州，广东，广西。

寄主植物： 野蔷薇 *Rosa multiflora*。

野蔷薇

震旦黄腹三节叶蜂（雌虫）

震旦黄腹三节叶蜂（雌虫）

震旦黄腹三节叶蜂 *Arge aurora* Wei, 2022

7 百山祖黄腹三节叶蜂 *Arge baishanzua* Wei, 1995

分布： 中国浙江（天目山、凤阳山、清凉峰、百山祖、四明山、大洋山），陕西，河南，安徽，江苏，湖北，湖南。

百山祖黄腹三节叶蜂（雌虫）

百山祖黄腹三节叶蜂（雌虫）

百山祖黄腹三节叶蜂 *Arge baishanzua* Wei, 1995

榆红胸三节叶蜂（幼虫）

榆红胸三节叶蜂（幼虫及蛹）

榆红胸三节叶蜂 ***Arge captiva*** **(Smith, 1874)**

10 脊角黑毛三节叶蜂 *Arge carinicornis* Konow, 1902

分布： 中国浙江（龙王山、凤阳山、天目山），湖北，重庆，福建，江西，湖南，贵州，广东，广西；缅甸。

浙江凤阳山

脊角黑毛三节叶蜂（雌虫）

脊角黑毛三节叶蜂 *Arge carinicornis* Konow, 1902

11 陈氏淡毛三节叶蜂 *Arge cheni* Wei, 1999

分布：中国浙江（古田山、天目山、磐安县、九龙山、百山祖、乌岩岭、凤阳山），河南，湖北，福建，湖南，江西，广东，广西。

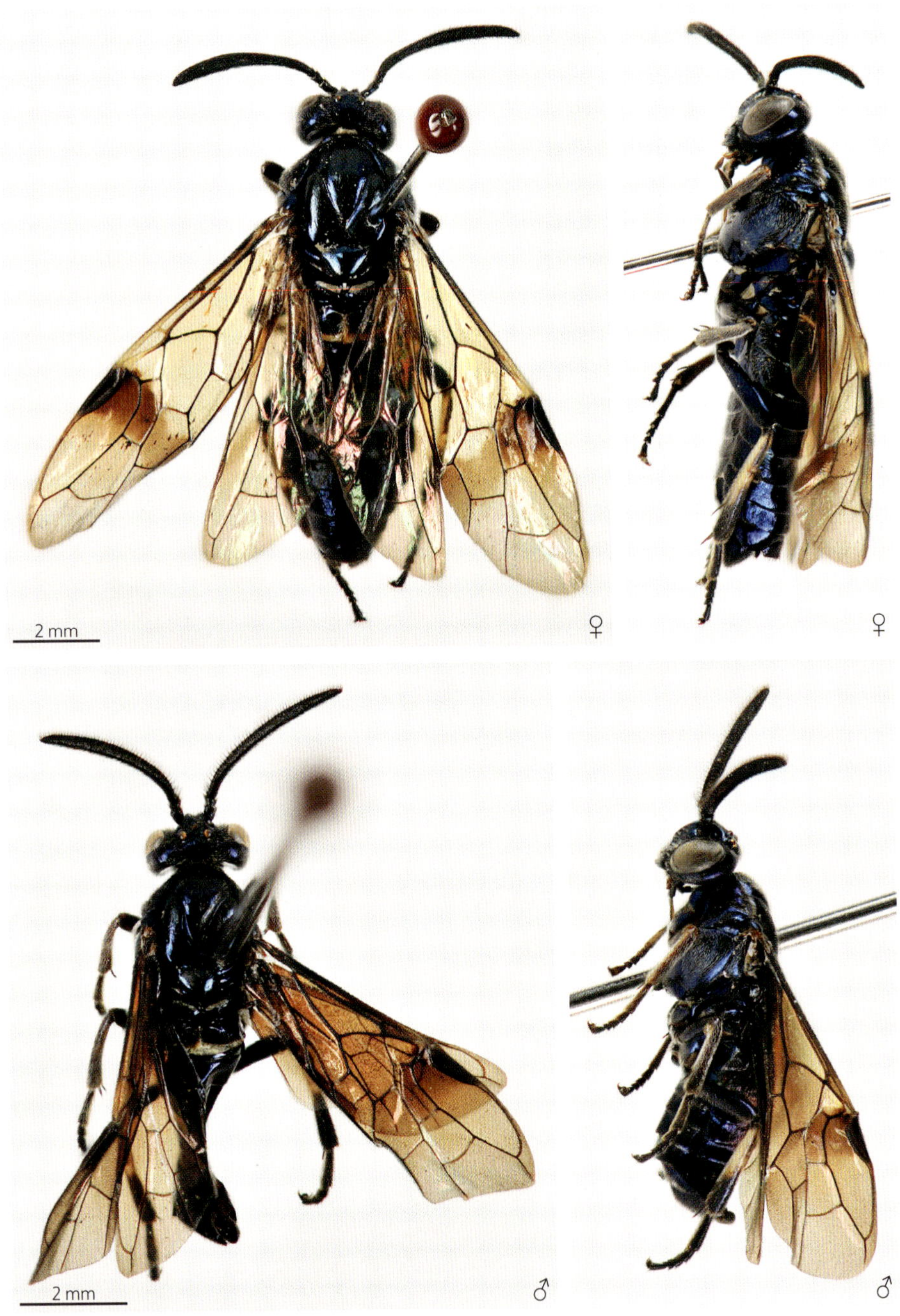

陈氏淡毛三节叶蜂 *Arge cheni* Wei, 1999

12 半刃黑毛三节叶蜂 *Arge compar* Konow, 1900

分布：中国浙江（天目山、清凉峰、九龙山），陕西，河北，山东，河南，江苏，安徽，湖北，四川，福建，江西，湖南，贵州，广东。

寄主植物：金银花 *Lonicera japonica*、寒莓 *Rubus buergeri*。

金银花

寒莓

半刃黑毛三节叶蜂（雌虫）

半刃黑毛三节叶蜂（雌虫）

半刃黑毛三节叶蜂（雌虫）

半刃黑毛三节叶蜂（雌虫）

半刃黑毛三节叶蜂（雌虫）

半刃黑毛三节叶蜂（雌虫）

半刃黑毛三节叶蜂（雌虫）

半刃黑毛三节叶蜂 *Arge compar* **Konow, 1900**

13 弯角淡毛三节叶蜂 *Arge curvatantenna* Wei, 2003

分布： 中国浙江（松阳县），湖南，贵州，广西。

注:《浙江凤阳山昆虫》记录种类。

弯角淡毛三节叶蜂 *Arge curvatantenna* Wei, 2003

14 平直长鞘三节叶蜂 *Arge erectotheca* Wei, 2024

分布：中国浙江（长兴县）。

平直长鞘三节叶蜂 *Arge erectotheca* Wei, 2024

15 长角红胸三节叶蜂 *Arge flavicollis* (Cameron, 1876)

分布： 中国浙江（天目山），江苏，江西，福建，台湾，广东，广西；印度，泰国。

长角红胸三节叶蜂（雌虫）

长角红胸三节叶蜂 *Arge flavicollis* (Cameron, 1876)

16 无斑黄腹三节叶蜂 *Arge geei* Rohwer, 1912

分布： 中国浙江（天目山、凤阳山、百山祖、乌岩岭、丽水市），内蒙古，甘肃，宁夏，陕西，河北，北京，山西，山东，河南，安徽，江苏，湖北，福建，江西，湖南，重庆，四川，广东，广西，贵州，台湾。

寄主植物： 蔷薇属 *Rosa*。

无斑黄腹三节叶蜂 *Arge geei* Rohwer, 1912

19 江氏黑足三节叶蜂 *Arge jiangi* Wei, 1997

分布： 中国浙江（丽水市、古田山），湖北，重庆，福建，江西，湖南，广东，广西。

江氏黑足三节叶蜂 *Arge jiangi* Wei, 1997

20 舌板淡毛三节叶蜂 *Arge lingulopygia* Wei & Nie, 1998

分布： 中国浙江（天目山、龙王山、百山祖），河南，安徽，福建，湖南，贵州，广东，广西。

舌板淡毛三节叶蜂 *Arge lingulopygia* Wei & Nie, 1998

21 高域环腹三节叶蜂 *Arge listoni* Wei, 2020

分布：中国浙江（天目山、百山祖），陕西，河南，湖北，重庆，湖南。

高域环腹三节叶蜂 *Arge listoni* Wei, 2020

22 筒瓣淡毛三节叶蜂 *Arge melanocephalia* Wei & Nie, 1998

分布： 中国浙江（龙王山、凤阳山、天目山、百山祖），河南，重庆，湖南，广西。

筒瓣淡毛三节叶蜂 *Arge melanocephalia* Wei & Nie, 1998

23 刻颜黄腹三节叶蜂 *Arge obtusitheca* Wei, 1999

分布： 中国浙江（丽水市、天目山、凤阳山、四明山、百山祖），河南，湖北，福建，江西，湖南，贵州，广西。

刻颜黄腹三节叶蜂（雌虫）

刻颜黄腹三节叶蜂（雌雄交配）

刻颜黄腹三节叶蜂 *Arge obtusitheca* **Wei, 1999**

24 玫瑰直鞘三节叶蜂 *Arge pagana* (Panzer, 1797)

分布： 中国浙江（凤阳山），内蒙古，北京，河北，山西，山东，河南，陕西，宁夏，甘肃，安徽。

寄主植物： 玫瑰 *Rosa rugosa*。

注：《浙江凤阳山昆虫》记录种类。

玫瑰直鞘三节叶蜂（雌虫产卵）

玫瑰

玫瑰直鞘三节叶蜂 *Arge pagana* **(Panzer, 1797)**

25 扁角黑毛三节叶蜂 *Arge parasimilis* Wei, 2003

分布：中国浙江（天目山、龙王山），重庆，福建，湖南，江西，广西。

寄主植物：无翅参薯 *Dioscorea exalata*。

无翅参薯

浙江天目山

扁角黑毛三节叶蜂 ***Arge parasimilis*** **Wei, 2003**

26 柄室黑毛三节叶蜂 *Arge petiodiscoidalis* Wei, 1999

分布：中国浙江（天目山），河南，福建，广西。

2 mm ♀

♀

柄室黑毛三节叶蜂 *Arge petiodiscoidalis* Wei, 1999

27 短角黄腹三节叶蜂 *Arge przhevalskii* Gussakovskij, 1935

分布： 中国浙江（丽水市、天目山），内蒙古，甘肃，宁夏，陕西，山西，河北，河南，湖北，四川，湖南，贵州。

寄主植物： 蔷薇属 *Rosa*。

短角黄腹三节叶蜂 *Arge przhevalskii* Gussakovskij, 1935

28 黄腹粗钳三节叶蜂 *Arge pseudopagana* Wei & Niu, 2010

分布： 中国浙江（凤阳山、天目山、乌岩岭）。

黄腹粗钳三节叶蜂 *Arge pseudopagana* Wei & Niu, 2010

31 刻颜红胸三节叶蜂 *Arge rejecta* Kirby, 1882

分布：中国浙江（丽水市、龙王山、天目山、清凉峰、四明山、凤阳山），吉林，辽宁，陕西，河南，安徽，湖北，江苏，四川，台湾，福建，江西，湖南，贵州，广东，广西，海南；越南。

刻颜红胸三节叶蜂（雌虫）

刻颜红胸三节叶蜂（雌虫）

刻颜红胸三节叶蜂 ***Arge rejecta*** **Kirby, 1882**

32 杜鹃黑毛三节叶蜂 *Arge similis* (Snellen van Vollenhoven, 1860)

分布： 中国浙江（莲都区、龙王山、天目山、凤阳山、衢州市、四明山、遂昌县、百山祖、乌岩岭、大洋山），陕西，山东，河南，安徽，湖北，重庆，四川，台湾，福建，江西，湖南，贵州，广东，广西；缅甸，印度。

寄主植物： 杜鹃 *Rhododendron simsii*（含栽培种）。

杜鹃

杜鹃（栽培种）

杜鹃黑毛三节叶蜂（雄虫）

杜鹃黑毛三节叶蜂（雌雄交配）

杜鹃黑毛三节叶蜂（雌虫）

杜鹃黑毛三节叶蜂（雌虫）

杜鹃黑毛三节叶蜂 *Arge similis* **(Snellen van Vollenhoven, 1860)**

35 横带宽钳三节叶蜂 *Arge suspicax* Konow, 1908

分布：中国浙江（天目山），吉林，辽宁，宁夏，河北，山东；日本，俄罗斯（西伯利亚）。

横带宽钳三节叶蜂 *Arge suspicax* Konow, 1908

36 脊颜红胸三节叶蜂 *Arge vulnerata* Mocsáry, 1909

分布： 中国浙江（凤阳山、百山祖、莲都区、天目山、遂昌县、乌岩岭），吉林，陕西，安徽，河南，江西，四川，湖北，湖南，福建，台湾，广东，广西，贵州；越南。

脊颜红胸三节叶蜂（雌虫）

脊颜红胸三节叶蜂（雌虫）

脊颜红胸三节叶蜂（雌虫）

脊颜红胸三节叶蜂 ***Arge vulnerata*** **Mocsáry, 1909**

37 丸子黄腹三节叶蜂 *Arge wanziae* Wei, 2020 江苏省新记录种

分布：中国浙江（天目山），湖南，江苏。

丸子黄腹三节叶蜂（雌虫）

丸子黄腹三节叶蜂（雌虫）

丸子黄腹三节叶蜂 ***Arge wanziae*** **Wei, 2020**

38 吴氏黑毛三节叶蜂 *Arge wui* (Wei & Nie, 1998)

分布：中国浙江（龙王山）。

吴氏黑毛三节叶蜂 *Arge wui* (Wei & Nie, 1998)

39 列斑直鞘三节叶蜂 *Arge xanthogaster* (Cameron, 1876)

分布：中国浙江（丽水市、天目山、龙王山、清凉峰、四明山、凤阳山、百山祖），河南，安徽，湖北，重庆，四川，台湾，福建，江西，湖南，贵州，云南，广东，香港，广西；越南，印度。

寄主植物：月季 *Rosa chinensis*、软条七蔷薇 *Rosa henryi*。

月季

月季

列斑直鞘三节叶蜂（雌虫）

列斑直鞘三节叶蜂（幼虫）

列斑直鞘三节叶蜂（幼虫）

列斑直鞘三节叶蜂（雌虫产卵）

列斑直鞘三节叶蜂（雌虫产卵）

列斑直鞘三节叶蜂 *Arge xanthogaster* (Cameron, 1876)

40 月季直鞘三节叶蜂 *Arge yueji* Niu & Wei, 2024

分布： 中国浙江（天目山），吉林，北京，河北，陕西，安徽，江苏，湖南。

寄主植物： 月季 *Rosa chinensis*。

月季直鞘三节叶蜂 *Arge yueji* Niu & Wei, 2024

41 黑毛扁胫三节叶蜂 *Athermantus imperialis* (F. Smith, 1860)

分布： 中国浙江（九龙山、龙王山、天目山、凤阳山、长兴县），重庆，四川，台湾，福建，江西，湖南，贵州，云南，广东，广西，海南；印度尼西亚，印度。

寄主植物： 杜鹃花属 *Rhododendron*。

杜鹃

黑毛扁胫三节叶蜂（雄虫）

黑毛扁胫三节叶蜂 *Athermantus imperialis* (F. Smith, 1860)

44 中华似三节叶蜂 *Cibdela chinensis* Rohwer, 1921

分布： 中国浙江（天目山），四川，福建，湖南，贵州，云南，广西，海南。

中华似三节叶蜂 *Cibdela chinensis* Rohwer, 1921

45 淡毛似三节叶蜂 *Cibdela huangae* (Wei, 2013)

分布： 中国浙江（莫干山、龙泉市、杭州市、天目山、缙云县、百山祖），河南，湖北，江西，湖南，重庆，福建，广东，广西，贵州，海南。

淡毛似三节叶蜂 *Cibdela huangae* (Wei, 2013)

46 斑翅似三节叶蜂 *Cibdela maculipennis* (Cameron, 1899)

分布：中国浙江（天目山、莫干山），重庆，湖北，湖南，四川，贵州，云南，广东，广西，海南；印度。

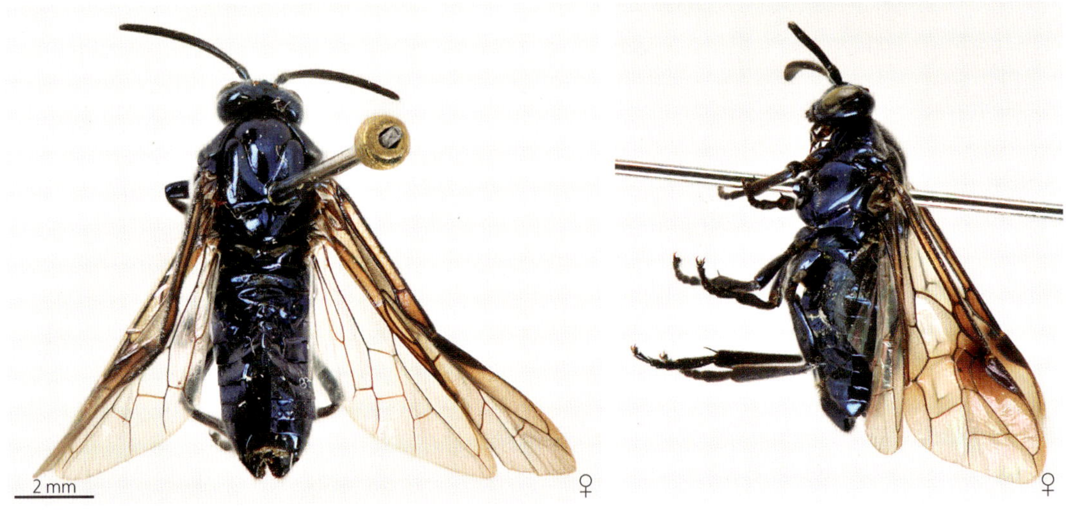

斑翅似三节叶蜂 *Cibdela maculipennis* (Cameron, 1899)

47 黑毛似三节叶蜂 *Cibdela nigropilosis* (Wei & Niu, 2010)

分布： 中国浙江（龙王山、天目山、凤阳山、衢州市、四明山、遂昌县、百山祖、莲都区、乌岩岭），河南，湖北，福建，湖南，贵州，广东，广西，海南。

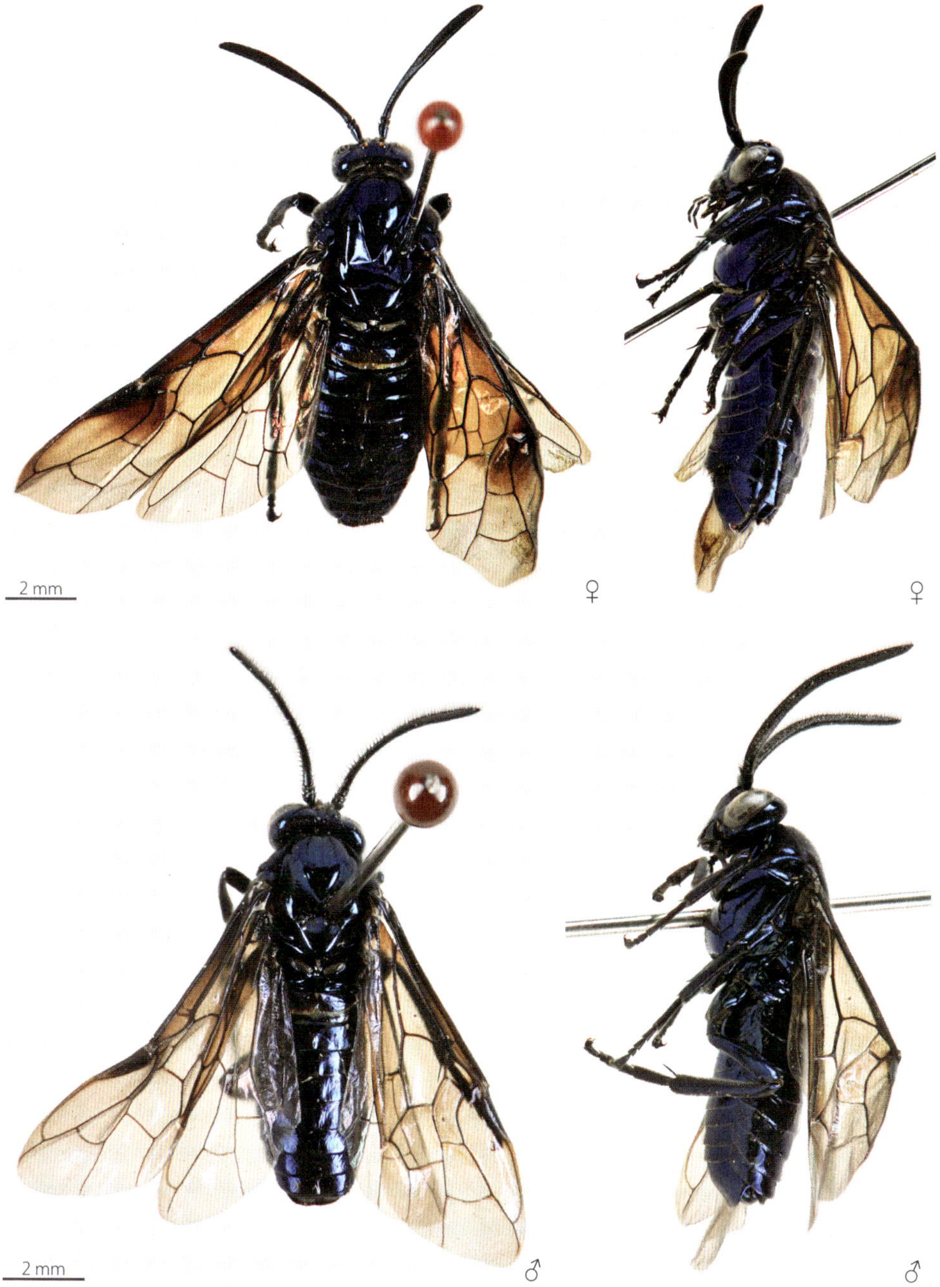

黑毛似三节叶蜂 *Cibdela nigropilosis* (Wei & Niu, 2010)

48 扁角似三节叶蜂 *Cibdela siluncula* (Konow, 1906)

分布：中国浙江（丽水、天目山），重庆，湖南，贵州，广西，海南，台湾；越南。

扁角似三节叶蜂 *Cibdela siluncula* (Konow, 1906)

49 浙江似三节叶蜂 *Cibdela zhejiangia* Wei & Nie, 1998

分布： 中国浙江（杭州市、龙王山、天目山、凤阳山、九龙山），河南，湖北，福建，湖南，贵州，广东，广西。

浙江似三节叶蜂 *Cibdela zhejiangia* Wei & Nie, 1998

50 亮翅刺背三节叶蜂 *Spinarge hyalina* Wei & Nie, 1998

分布：中国浙江（龙王山）。

亮翅刺背三节叶蜂 *Spinarge hyalina* Wei & Nie, 1998

51 丽水刺背三节叶蜂 *Spinarge lishui* Liu, Li & Wei, 2021

分布：中国浙江（丽水市）。

丽水刺背三节叶蜂（雌虫）

丽水刺背三节叶蜂（雌虫）

丽水刺背三节叶蜂（雌虫）

丽水刺背三节叶蜂（雌雄交配）

丽水刺背三节叶蜂（雌雄交配）

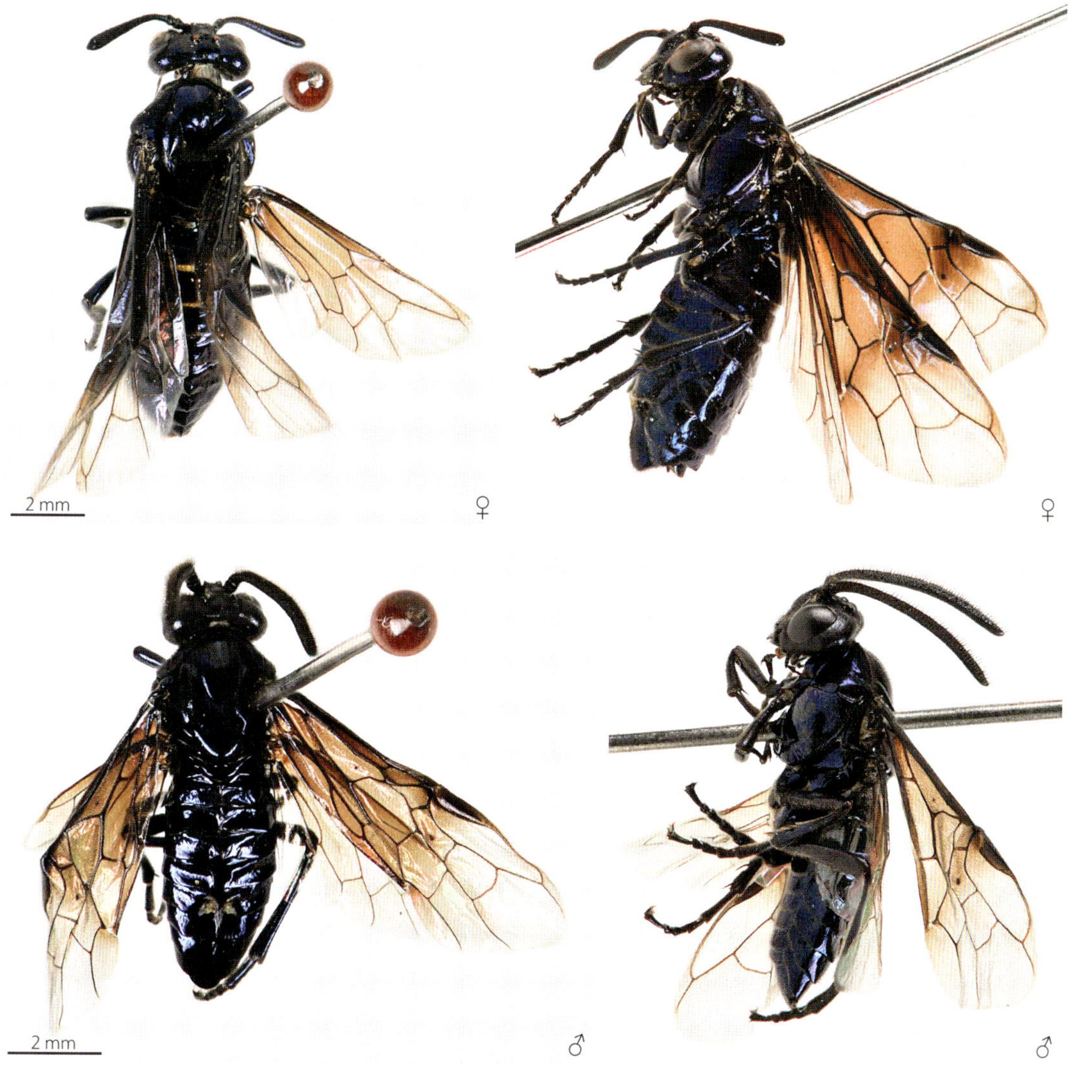

丽水刺背三节叶蜂 *Spinarge lishui* Liu, Li & Wei, 2021

缅甸残青叶蜂 ***Athalia birmanica*** **Benson, 1962**

59 盾斑残青叶蜂 *Athalia decorata* Konow, 1900

分布：中国浙江（丽水市、天目山），内蒙古，黑龙江，吉林，辽宁，甘肃，陕西，四川；俄罗斯（东西伯利亚）。

盾斑残青叶蜂（雌虫）

浙江九龙湿地

盾斑残青叶蜂 *Athalia decorata* **Konow, 1900**

60 黑胫残青叶蜂 *Athalia icar* Saini & Vasu, 1997

分布：中国浙江（丽水市、舟山市、缙云山、天目山、凤阳山、清凉峰、四明山、古田山、百山祖），黑龙江，吉林，辽宁，甘肃，陕西，山东，北京，河南，江苏，安徽，湖北，上海，台湾，福建，江西，湖南，重庆，四川，贵州，云南，西藏，香港，广东，广西，海南；日本，印度，马来西亚，印度尼西亚，缅甸。

寄主植物：芸薹 *Brassica rapa* var. *oleifera*、白菜 *Brassica rapa* var. *glabra*、青菜 *Brassica rapa* var. *chinensis*、芜菁 *Brassica rapa*、萝卜 *Raphanus sativus*、野萝卜 *Raphanus raphanistrum*、独行菜 *Lepidium apetalum*。

芸薹

芸薹

芸薹

芸薹

青菜

青菜

萝卜

白菜

黑胫残青叶蜂（雌虫）

黑胫残青叶蜂 *Athalia icar* Saini & Vasu, 1997

61 日本残青叶蜂 *Athalia japonica* (Klug, 1815)

分布：中国浙江（龙王山、天目山、丽水市），吉林，内蒙古，辽宁，甘肃，青海，陕西，山西，河北，北京，河南，江苏，四川，上海，台湾，云南，西藏；日本，朝鲜，印度，俄罗斯（东西伯利亚）。

寄主植物：青菜 *Brassica rapa* var. *chinensis*、白菜 *Brassica rapa* var. *glabra*、芜菁 *Brassica rapa*、萝卜 *Raphanus sativus*、野萝卜 *Raphanus raphanistrum*。

青菜

白菜

青菜

萝卜

日本残青叶蜂 *Athalia japonica* **(Klug, 1815)**

62 短斑残青叶蜂 *Athalia ruficornis* Jakowlew, 1888

分布：中国浙江（舟山市、杭州市），黑龙江，吉林，辽宁，内蒙古，青海，甘肃，宁夏，陕西，河北，山西，北京，天津，山东，河南，江苏，湖北，安徽，重庆，四川，上海，台湾，福建，江西，云南，广西；朝鲜，东喜马拉雅，俄罗斯（东西伯利亚），日本。

寄主植物：芸薹 *Brassica rapa* var. *oleifera*、白菜 *Brassica rapa* var. *glabra*、芜菁 *Brassica rapa*、野萝卜 *Raphanus raphanistrum*。

短斑残青叶蜂 *Athalia ruficornis* Jakowlew, 1888

63 隆齿残青叶蜂 *Athalia tanaoserrula* Chu & Wang, 1962

分布： 中国浙江（百山祖、丽水市、天目山、清凉峰、四明山），甘肃，陕西，安徽，江苏，湖北，上海，福建，湖南，重庆，四川，贵州，云南，广东，广西，西藏。

隆齿残青叶蜂（雌虫）

隆齿残青叶蜂（雌虫）

隆齿残青叶蜂 *Athalia tanaoserrula* Chu & Wang, 1962

六、松叶蜂科 Diprionidae

鉴别特征： 体短宽，长 5~12 mm；后头孔开式；头部短宽，无后颊脊；上颚外观狭片状，具额唇基缝；触角窝中下位；触角短，14~32 节，雄性羽状，雌性锯齿状或栉齿状；前胸侧板腹面尖出，互相远离，腹板游离；中胸小盾片发达，附片十分狭窄；中胸上后侧片近水平向横置且突出，中胸侧腹板沟缺如；中胸小盾片宽大，淡膜区窄长；后胸侧板不与腹部第 1 背板愈合；前翅 C 室宽大，R 脉端部下垂，2r 脉缺如，Rs 脉基端消失，cu-a 脉位于 M 室中部，臀室完整；后翅具 6 个闭室，R1 室端部开放；足粗短，胫节无亚端距，基跗节短小，爪小型；腹部筒形，背板无侧缘脊，第 1 背板具中缝；产卵器短小，节缝强烈骨化，具翼突列。幼虫多足型，腹部具 8 对足，触角 3 节。成虫飞行速度慢，主要在树冠活动。

分布： 全北界，南端分布到北非、中南半岛和中美洲。

本图鉴记载 3 属 6 种。

寄主植物： 松科 Pinaceae、柏科 Cupressaceae。

64 烟翅松叶蜂 *Diprion infuscalae* (Wang & Wei, 2019)

分布： 中国浙江（余杭区），江西，福建。

寄主植物： 马尾松 *Pinus massoniana*。

马尾松

烟翅松叶蜂 ***Diprion infuscalae*** **(Wang & Wei, 2019)**

六万松叶蜂（幼虫）

六万松叶蜂（幼虫）

六万松叶蜂 *Diprion liuwanensis* **Huang & Xiao, 1983**

66 南华松叶蜂 *Diprion nanhuaensis* Xiao, 1983

分布：中国浙江（天目山、清凉峰），安徽，贵州，云南，陕西。

寄主植物：云南松 *Pinus yunnanensis*。

南华松叶蜂 *Diprion nanhuaensis* Xiao, 1983

67 丽水大松叶蜂 *Macrodiprion lishui* (Li, Wang & Wei, 2022)

福建省新记录种

分布：中国浙江（缙云县），福建。

丽水大松叶蜂 *Macrodiprion lishui* (Li, Wang & Wei, 2022)

68 龙塘大松叶蜂 *Macrodipirion longtangensis* Wei & Wang, 2024

分布：中国浙江（清凉峰、乌岩岭）。

浙江清凉峰（针插标本）

龙塘大松叶蜂 *Macrodipirion longtangensis* Wei & Wang, 2024

69 双枝黑松叶蜂 *Nesodiprion biremis* (Konow, 1899)

分布：中国浙江（天目山、杭州市、长兴县、清凉峰、凤阳山、百山祖、乌岩岭），辽宁，陕西，安徽，山东，河南，湖北，四川，福建，江西，湖南，贵州，广东，广西，云南。

寄主植物：黑松 *Pinus thunbergii*、云南松 *Pinus yunnanensis*、思茅松 *Pinus kesiya* var. *langbianensis*、马尾松 *Pinus massoniana*、火炬松 *Pinus taeda*、湿地松 *Pinus elliottii*。

绿宝丽锤角叶蜂 ***Abia berezowskii*** **Semenov, 1896**

71 紫宝丽锤角叶蜂 *Abia formosa* Takeuchi, 1927

分布：中国浙江（天目山、清凉峰、丽水市、百山祖、凤阳山、乌岩岭），吉林，陕西，安徽，台湾，福建，湖南，广东。

紫宝丽锤角叶蜂 *Abia formosa* Takeuchi, 1927

72 黄翅丽锤角叶蜂 *Abia imperialis* Kirby, 1882 江苏省新记录种

分布： 中国浙江（天目山、凤阳山），湖北，上海，江苏，福建，湖南。

寄主植物： 金银花 *Lonicera japonica*。

金银花

黄翅丽锤角叶蜂（雌虫）

黄翅丽锤角叶蜂 ***Abia imperialis*** **Kirby, 1882**

73 美丽锤角叶蜂 *Abia vitalisi* Turner, 1920 浙江省新记录种

分布：中国浙江（仙霞岭），福建，云南，香港，海南；老挝，泰国。

美丽锤角叶蜂（雌虫）

浙江仙霞岭

美丽锤角叶蜂 *Abia vitalisi* Turner, 1920

74 萌萌丑锤角叶蜂 *Zaraea mengmeng* Yan, Li & Wei, 2020

分布： 中国浙江（天目山）。

寄主植物： 短梗稠李 *Prunus brachypoda*。

短梗稠李

萌萌丑锤角叶蜂（幼虫）

萌萌丑锤角叶蜂 *Zaraea mengmeng* **Yan, Li & Wei, 2020**

75 亮斑丑锤角叶蜂 *Zaraea metallica* (Mocsáry, 1909)

分布： 中国浙江（天目山），黑龙江，吉林，辽宁，甘肃；日本，俄罗斯（东西伯利亚）。

亮斑丑锤角叶蜂 *Zaraea metallica* (Mocsáry, 1909)

（二）锤角叶蜂亚科 Cimbicinae

76 朴童锤角叶蜂 *Agenocimbex maculatus* (Marlatt, 1898)

分布： 中国浙江（杭州市、天目山），陕西，北京，江苏，安徽，江西，福建，湖南，广东；日本。

寄主植物： 朴树 *Celtis sinensis*、珊瑚朴 *Celtis julianae*。

朴树

珊瑚朴

朴树

珊瑚朴

朴童锤角叶蜂（雌虫）

朴童锤角叶蜂（幼虫）

朴童锤角叶蜂（蛹）

朴童锤角叶蜂 ***Agenocimbex maculatus* (Marlatt, 1898)**

77 中华唇锤角叶蜂 *Labriocimbex sinicus* Yan & Wei, 2019

分布：中国浙江（天目山、凤阳山），湖南。

寄主植物：樱桃 *Prunus pseudocerasus*。

樱桃

中华唇锤角叶蜂（雌虫）

78 浅窝细锤角叶蜂 *Leptocimbex afoveatus* Wei & Yan, 2014

分布： 中国浙江（清凉峰）。

浅窝细锤角叶蜂（雌虫）

浅窝细锤角叶蜂 *Leptocimbex afoveata* Wei & Yan, 2014

79 短顶细锤角叶蜂 *Leptocimbex brevivertexis* Wei & Yan, 2013

分布： 中国浙江（天目山），湖南。

短顶细锤角叶蜂 *Leptocimbex brevivertexis* Wei & Yan, 2013

80 缩臀细锤角叶蜂 *Leptocimbex constrictus* Wei & Nie, 1998

分布： 中国浙江（龙王山）。

缩臀细锤角叶蜂 *Leptocimbex constrictus* Wei & Nie, 1998

81 格氏细锤角叶蜂 *Leptocimbex grahami* Malaise, 1939

分布： 中国浙江（凤阳山、清凉峰、天目山、百山祖、乌岩岭），陕西，河南，湖北，湖南，四川，贵州。

浙江凤阳山

格氏细锤角叶蜂（雄虫）

格氏细锤角叶蜂 ***Leptocimbex grahami*** **Malaise, 1939**

82 科氏细锤角叶蜂 *Leptocimbex konowi* (Mocsáry, 1904)

分布：中国浙江（乌岩岭、百山祖），安徽，湖南，广西；越南（北部）。

科氏细锤角叶蜂 *Leptocimbex konowi* (Mocsáry, 1904)

83 条斑细锤角叶蜂 *Leptocimbex linealis* Wei & Deng, 1999

分布：中国浙江（天目山、百山祖），河南，安徽，江西，湖南。

条斑细锤角叶蜂（雄虫）

条斑细锤角叶蜂（雄虫）

条斑细锤角叶蜂（雄虫）

条斑细锤角叶蜂 ***Leptocimbex linealis*** **Wei & Deng, 1999**

84 黑毛细锤角叶蜂 *Leptocimbex nigropilosus* Yan & Wei, 2021

分布：中国浙江（天目山）。

黑毛细锤角叶蜂 *Leptocimbex nigropilosus* Yan & Wei, 2021

85 筱原细锤角叶蜂 *Leptocimbex shinoharai* Yan & Wei, 2018

分布：中国浙江（天目山、龙王山、清凉峰、百山祖、凤阳山），湖南。

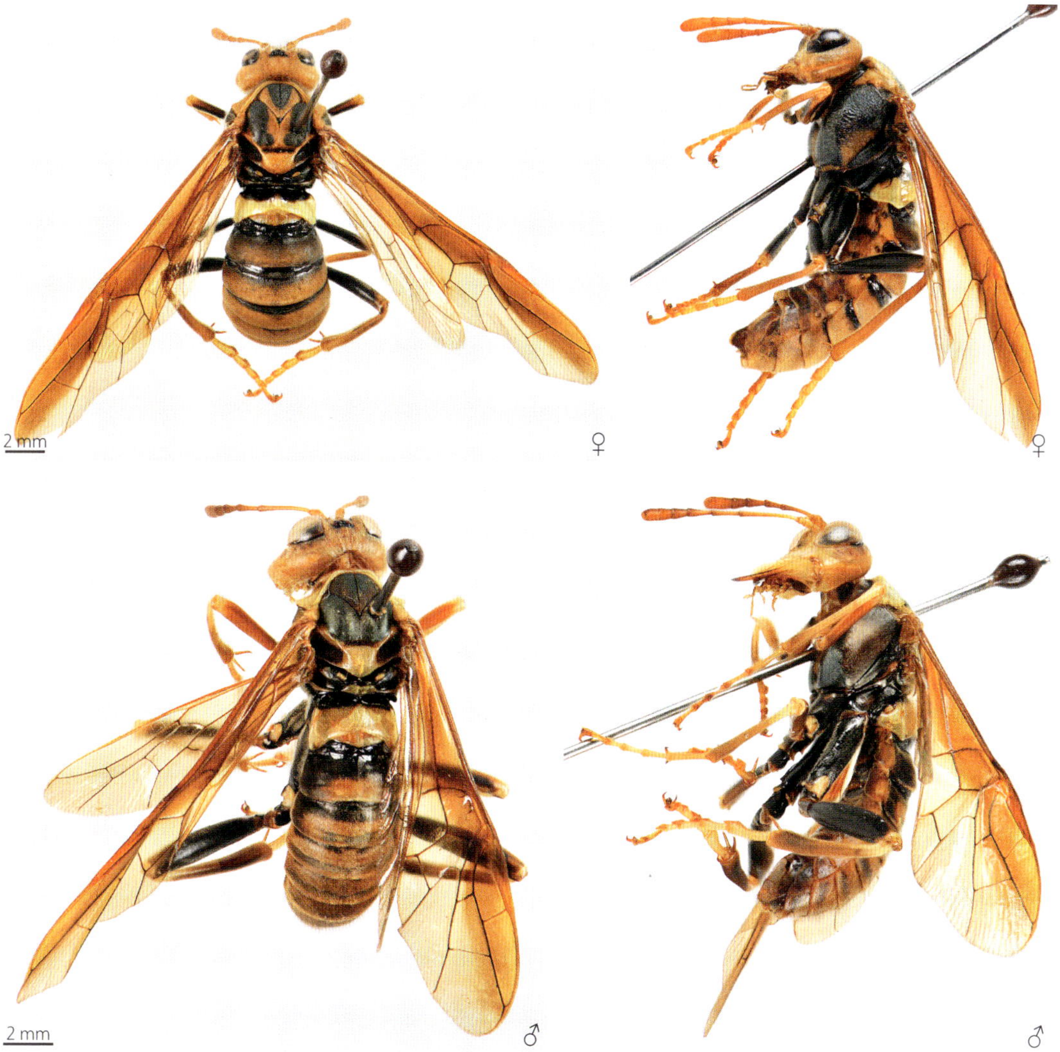

筱原细锤角叶蜂 *Leptocimbex shinoharai* Yan & Wei, 2018

86 红棕细锤角叶蜂 *Leptocimbex tonkinensis* (Konow, 1902)

分布：中国浙江（凤阳山），湖南，广西，海南；越南。

红棕细锤角叶蜂 *Leptocimbex tonkinensis* (Konow, 1902)

87 断突细锤角叶蜂 *Leptocimbex tuberculatus* Malaise, 1939

分布： 中国浙江（天目山、百山祖、乌岩岭），吉林，辽宁，甘肃，陕西，山西，安徽，湖北，福建，江西，湖南，四川，广东。

断突细锤角叶蜂（雌虫）

断突细锤角叶蜂（雌虫）

断突细锤角叶蜂 ***Leptocimbex tuberculatus*** **Malaise, 1939**

88 天目舌锤角叶蜂 *Praia tianmushanica* Yan, Li & Wei, 2020

分布：中国浙江（天目山）。

天目舌锤角叶蜂 *Praia tianmushanica* Yan, Li & Wei, 2020

八、叶蜂科 Tenthredinidae

鉴别特征：小至大型，体长 2.5~20 mm。头部短，横宽，后头孔下侧开放，无口后桥；具额唇基缝；触角窝偏下位，无触角沟；触角丝状，极少栉齿状，通常 9 节，少数超过 9 节，最多达 30 节，第 1 节较小，远短于第 3 节，鞭节通常无分支；前胸腹板游离，无基前桥；中胸小盾片发达，具附片；中后胸盾侧凹深大，后上侧片不强烈鼓凸，中胸侧腹板沟缺如，后胸侧板不与腹部第 1 背板愈合；前足胫节端距 1 对，各足胫节无亚端距，跗垫显著；前翅 C 室较狭窄，R 脉端部平直或下垂，2r 脉常存在，少数缺如，Rs 脉基端极少消失，1M 室通常无背柄，至少具 1 个完整的端臀室，翅痣窄于 2r 脉长；后翅通常具 5~7 个闭室；腹部无侧缘脊，第 1 背板常具中缝；产卵器短小，稍伸出腹端。幼虫多足型，腹部具 6~8 对足，触角 5 节，潜叶和蛀干种类腹足有时部分退化。

分布：世界广布。

本图鉴记载 103 属 341 种。

寄主植物：五福花科 Adoxaceae、蹄盖蕨科 Athyriaceae、山茱萸科 Cornaceae、碗蕨科 Dennstaedtiaceae、壳斗科 Fagaceae、胡桃科 Juglandaceae、樟科 Lauraceae、木兰科 Magnoliaceae、楝科 Meliaceae、毛茛科 Ranunculaceae、蔷薇科 Rosaceae、杨柳科 Salicaceae、山矾科 Symplocaceae、榆科 Ulmaceae 等。

（一）刻胸叶蜂亚科 Eriocampinae

89 双突异颚叶蜂 *Conaspidia bicuspis* Malaise, 1945

分布：中国浙江（龙王山、天目山、百山祖、乌岩岭），安徽，湖北，湖南，江西，广东。

浙江乌岩岭

双突异颚叶蜂（雌虫）

双突异颚叶蜂 ***Conaspidia bicuspis*** **Malaise, 1945**

90 王氏异颚叶蜂 *Conaspidia wangi* Wei, 2015

分布：中国浙江（乌岩岭），贵州。

王氏异颚叶蜂 *Conaspidia wangi* Wei, 2015

（二）实叶蜂亚科 Hoplocampinae

91 丹凤樱实叶蜂 *Analcellicampa danfengensis* (Xiao, 1994) 浙江省新记录种

分布： 中国浙江（凤阳山），陕西，河南，湖北，湖南。

丹凤樱实叶蜂 *Analcellicampa danfengensis* (Xiao, 1994)

92 斑背樱实叶蜂 *Analcellicampa maculidorsata* Niu & Wei, 2024

分布：中国浙江（白云山、庆元县、凤阳山），陕西，湖北，江西。

寄主植物：迎春樱桃 *Prunus discoidea*、浙闽樱桃 *Prunus schneideriana*、华中樱桃 *Prunus conradinae*。

迎春樱桃

浙闽樱桃

斑背樱实叶蜂 ***Analcellicampa maculidorsata* Niu & Wei, 2024**

93 黄褐樱实叶蜂 *Analcellicampa xanthosoma* Niu & Wei, 2019

分布：中国浙江（白云山、庆元县），湖南。

寄主植物：华中樱桃 *Prunus conradinae*。

华中樱桃

华中樱桃

黄褐樱实叶蜂 ***Analcellicampa xanthosoma*** **Niu & Wei, 2019**

（三）枝角叶蜂亚科 Cladiinae

94 短尾枝角叶蜂 *Cladius similis* Wei, 2001

分布： 中国浙江（百山祖、天目山、凤阳山），河南，湖北，福建，湖南。

注：《浙江凤阳山昆虫》和《华东百山祖昆虫》记录种类。

短尾枝角叶蜂 *Cladius similis* Wei, 2001

95 丽水拟栉叶蜂 *Priophorus lishui* Wei & Li, 2024

分布： 中国浙江（丽水市）。

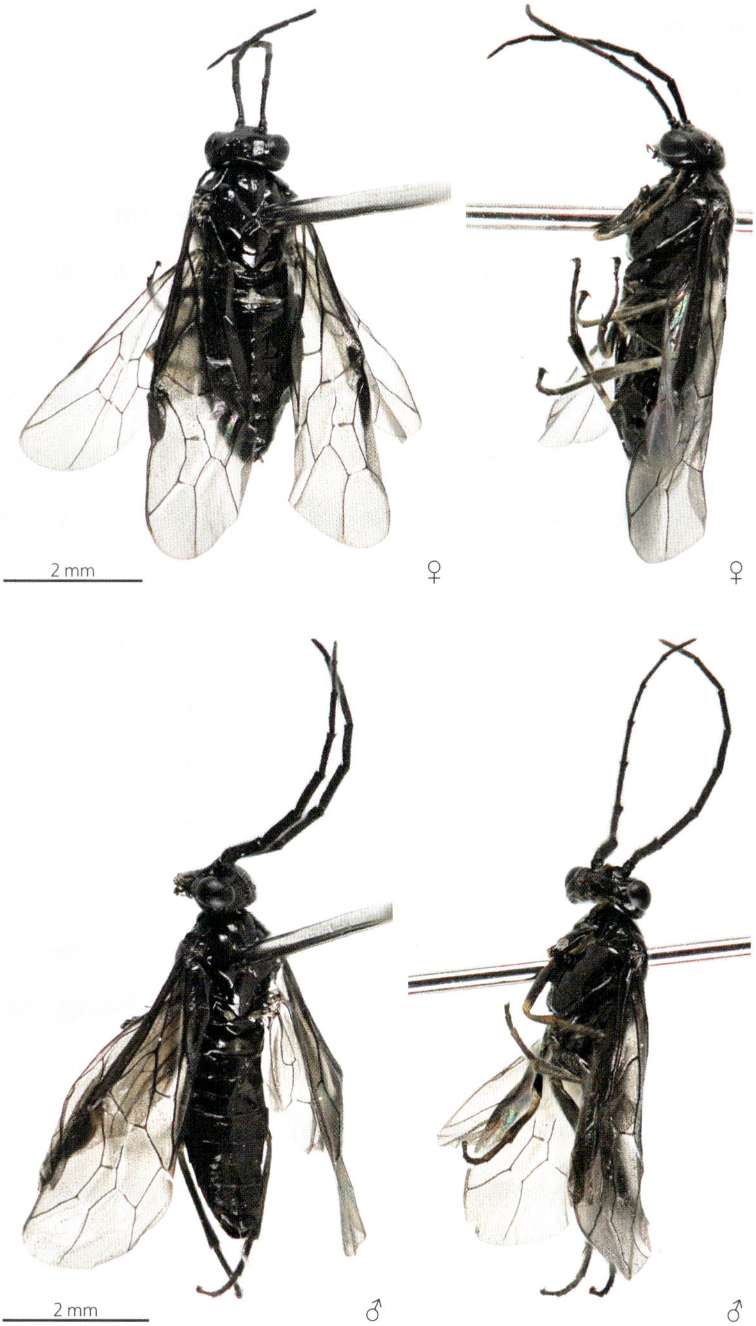

丽水拟栉叶蜂 ***Priophorus lishui*** **Wei & Li, 2024**

96 黑跗拟栉叶蜂 *Priophorus nigrotarsalis* Wei, 1998

分布：中国浙江（清凉峰），甘肃，陕西，河北，河南，湖北，湖南。

黑跗拟栉叶蜂 *Priophorus nigrotarsalis* Wei, 1998

97 吴氏拟栉叶蜂 *Priophorus wui* Wei, 1995

分布： 中国浙江（百山祖、龙王山、凤阳山）。

注：《浙江凤阳山昆虫》和《华东百山祖昆虫》记录种类。

吴氏拟栉叶蜂 *Priophorus wui* Wei, 1995

98 集刃筒栉叶蜂 *Trichiocampus pruni* Takeuchi, 1956

分布： 中国浙江（凤阳山），福建，云南；日本。

注：《浙江凤阳山昆虫》记录种类。

集刃筒栉叶蜂 *Trichiocampus pruni* Takeuchi, 1956

（四）突瓣叶蜂亚科 Nematinae

99 柳蜷钝颜叶蜂 *Amauronematus saliciphagus* Wu, 2009

分布：中国浙江（杭州市），甘肃，北京，河北，山东，江苏。

寄主植物：柳属 *Salix*。

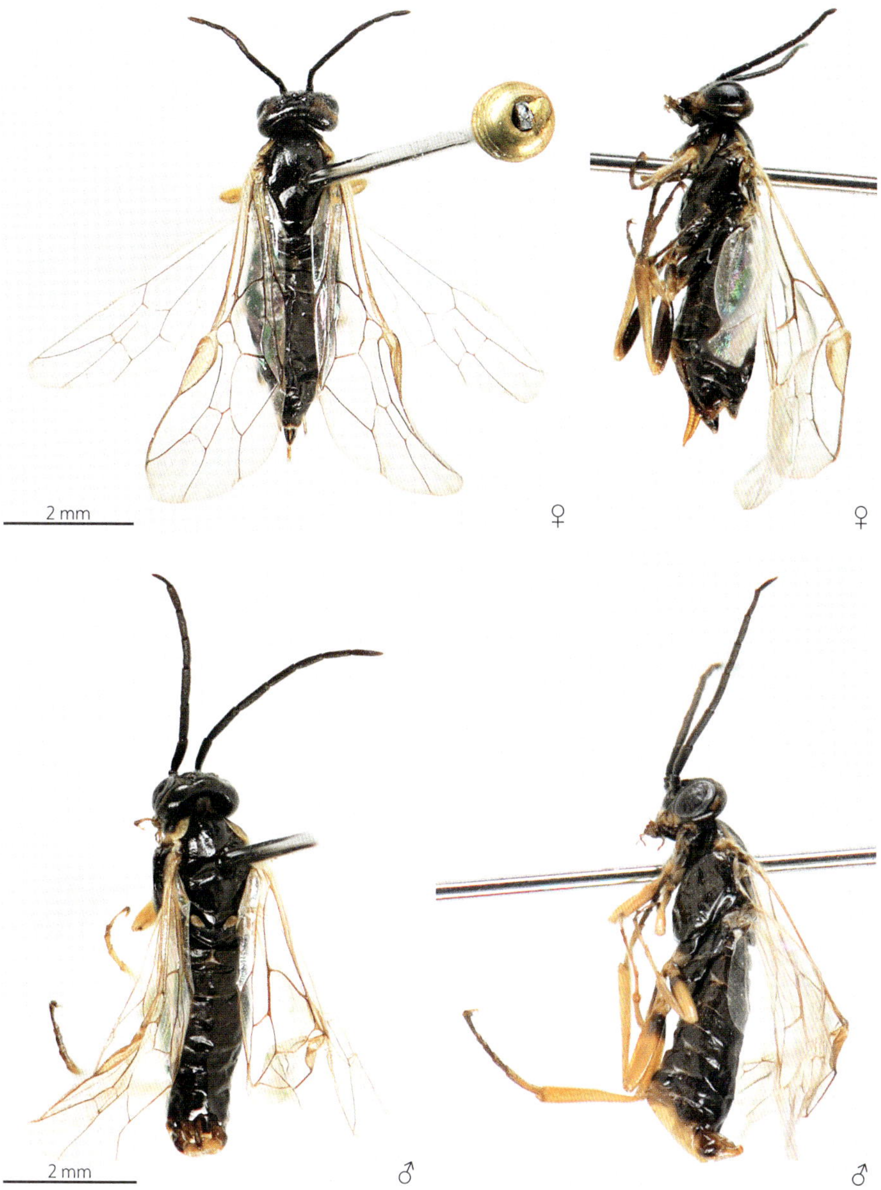

柳蜷钝颜叶蜂 *Amauronematus saliciphagus* Wu, 2009

100 红胸樟叶蜂 *Moricella rufonota* Rohwer, 1916

分布： 中国浙江（莲都区、杭州市、宁波市、普陀山、舟山市、天目山），安徽，湖北，江苏，上海，台湾，福建，江西，湖南，四川，贵州，广东，香港，广西。

寄主植物： 樟 *Camphora officinarum*。

樟

樟

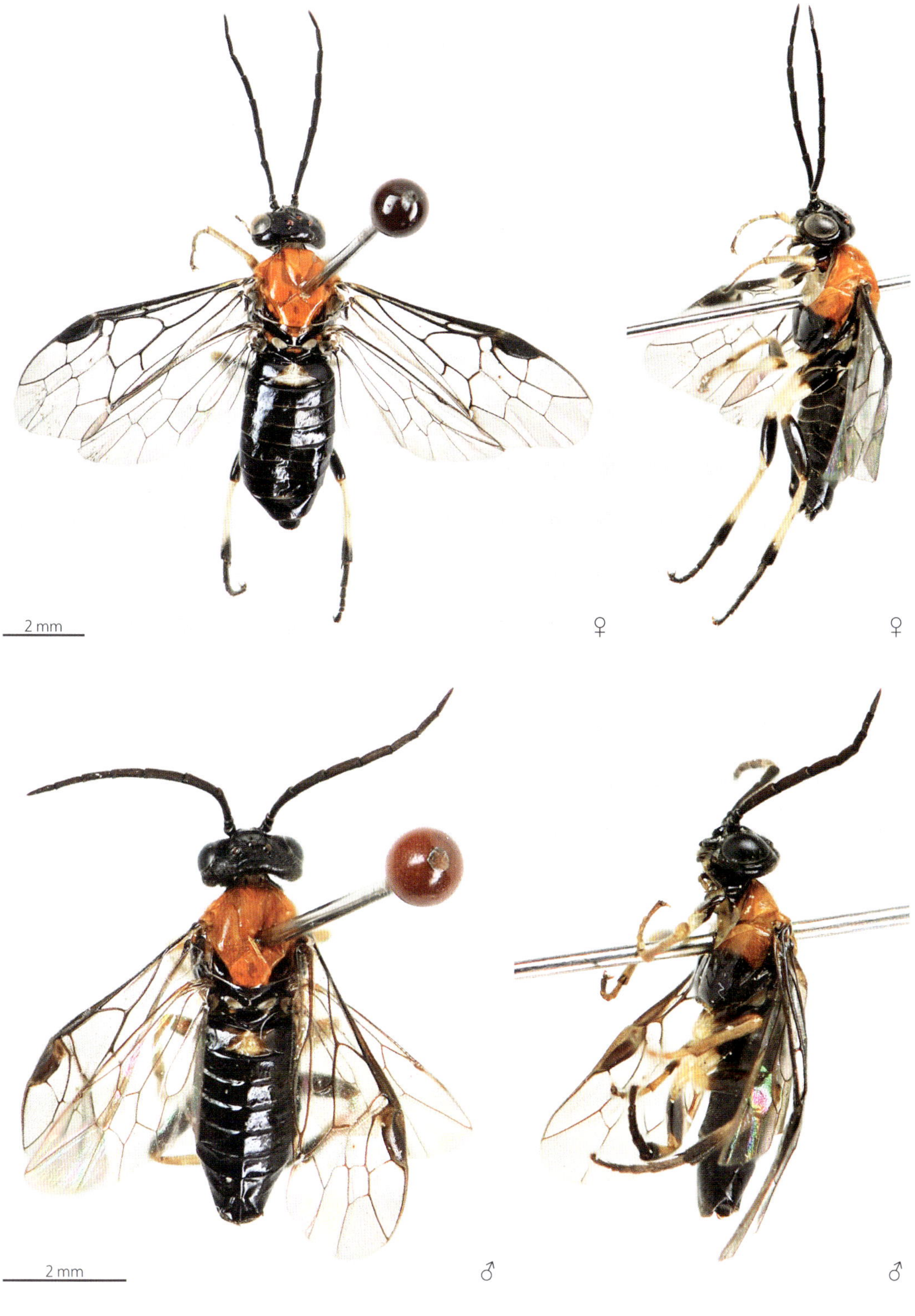

红胸樟叶蜂 ***Moricella rufonota*** **Rohwer, 1916**

101 邓氏突瓣叶蜂 *Nematus dengi* Wei, 2003

分布：中国浙江（凤阳山），甘肃，河北，河南，山西，湖北，湖南，贵州，广西，安徽，江西，福建。

邓氏突瓣叶蜂 *Nematus dengi* Wei, 2003

102 无带突瓣叶蜂 *Nematus eglabratus* (Wei, 1999)

分布：中国浙江（丽水市、天目山），河南，安徽。

无带突瓣叶蜂 *Nematus eglabratus* (Wei, 1999)

105 杏突瓣叶蜂 *Nematus prunivorus* Xiao, 1995

分布：中国浙江（乌岩岭、千岛湖），福建。

寄主植物：杏 *Prunus armeniaca*。

杏突瓣叶蜂 *Nematus prunivorous* Xiao, 1995

106 白榆突瓣叶蜂 *Nematus pumila* Liu, Li & Wei, 2019

分布：中国浙江（天目山），河北，安徽，贵州。

寄主植物：白榆 *Ulmus pumila*。

白榆突瓣叶蜂（幼虫）

白榆突瓣叶蜂（幼虫）

白榆突瓣叶蜂（幼虫）

白榆突瓣叶蜂 ***Nematus pumila*** **Liu, Li & Wei, 2019**

107 申氏突瓣叶蜂 *Nematus sheni* Wei, 1999

分布： 中国浙江（天目山），河南，甘肃。

申氏突瓣叶蜂 *Nematus sheni* Wei, 1999

108 小须突瓣叶蜂 *Nematus trochanteratus* (Malaise, 1931)

分布：中国浙江（天目山），黑龙江，吉林，辽宁，内蒙古，山西，甘肃，江苏，西藏。

寄主植物：左旋康定柳 *Salix paraplesia* var. *subintegra*、旱柳 *Salix matsudana*。

小须突瓣叶蜂（雌虫产卵）

小须突瓣叶蜂（幼虫）

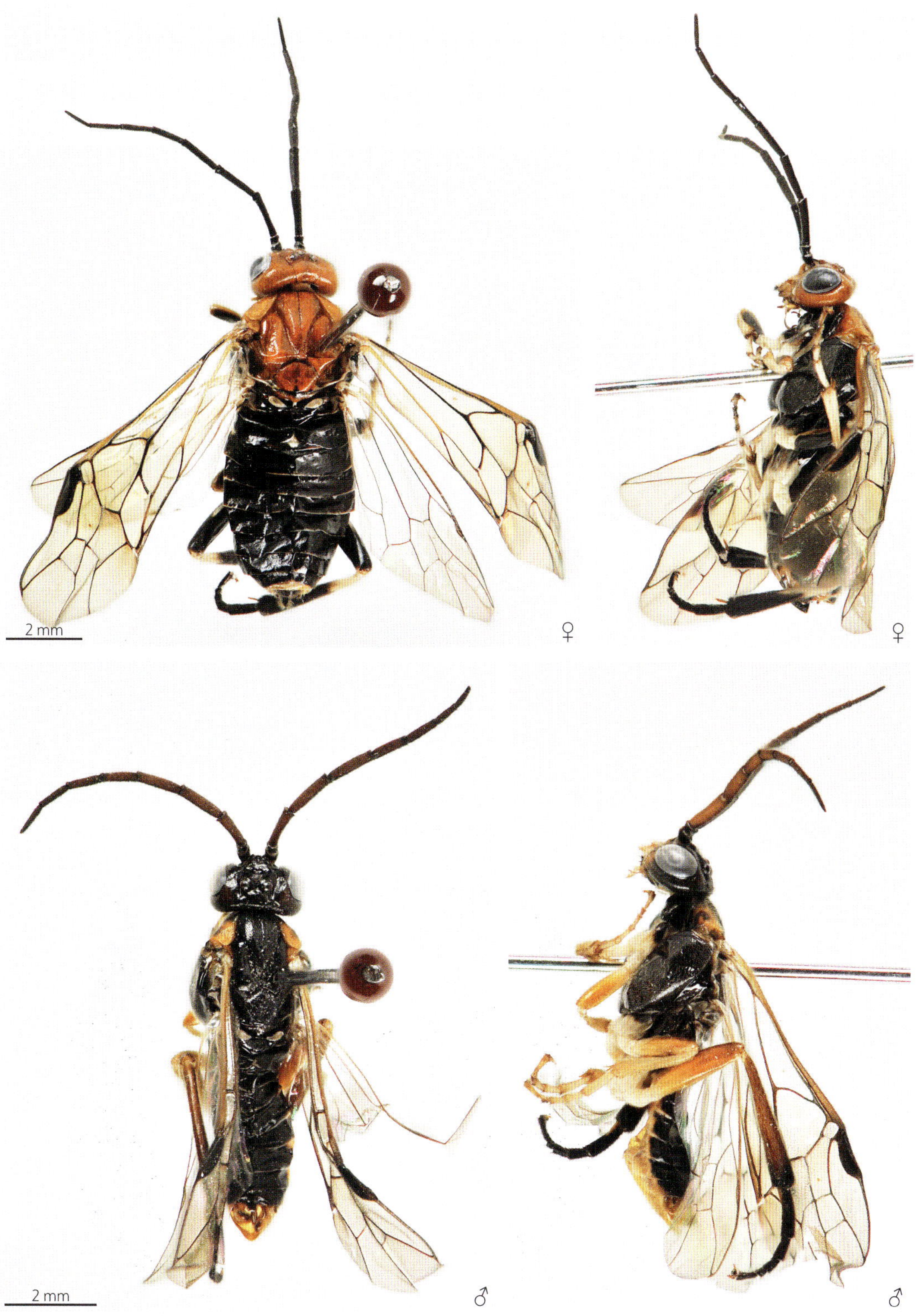

小须突瓣叶蜂 *Nematus trochanteratus* **(Malaise, 1931)**

111 长踵槌缘叶蜂 *Pristiphora longitangia* Wei & Nie, 1998

分布： 中国浙江（龙王山、凤阳山、天目山、丽水市、百山祖），福建，广东，广西。

注：《浙江凤阳山昆虫》记录种类。

长踵槌缘叶蜂 *Pristiphora longitangia* Wei & Nie, 1998

112 中华槌缘叶蜂 *Pristiphora sinensis* Wong, 1977

分布： 中国浙江（天目山），内蒙古，北京，河北，山东，陕西，河南，山西，江苏，湖北，湖南，四川，福建，广东，广西，贵州。

寄主植物： 桃 *Prunus persica*、梅 *Prunus mume*、杏 *Prunus armeniaca*。

杏

杏

桃

梅

梅

中华槌缘叶蜂（幼虫）

中华槌缘叶蜂（幼虫）

中华槌缘叶蜂（幼虫）

中华槌缘叶蜂（幼虫）

中华槌缘叶蜂

116 横沟短叶蜂 *Rocalia similis* Wei & Nie, 1998

分布：中国浙江（龙王山、四明山、古田山），福建，湖南。

横沟短叶蜂 *Rocalia similis* Wei & Nie, 1998

（六）蕨叶蜂亚科 Selandriinae

117 黑距长室叶蜂 *Alphastromboceros nigrocalcus* Wei & Nie, 1999

分布： 中国浙江（天目山、杭州市），甘肃，陕西，山西，河南，湖南，广西，贵州。

黑距长室叶蜂 *Alphastromboceros nigrocalcus* Wei & Nie, 1999

118 黑胫长室叶蜂 *Alphastromboceros nigritibia* Wei, 1998

分布：中国浙江（天目山），内蒙古，陕西，河南，湖南，贵州。

黑胫长室叶蜂 *Alphastromboceros nigritibia* Wei, 1998

119 圆膜凹颚叶蜂 *Aneugmenus cenchrus* Wei, 1997

分布：中国浙江（丽水市、天目山、清凉峰、四明山），甘肃，陕西，河南，安徽，湖北，重庆，四川，江西，湖南，贵州，广西。

圆膜凹颚叶蜂 *Aneugmenus cenchrus* Wei, 1997

120 宽唇凹颚叶蜂 *Aneugmenus japonicus* Rohwer, 1910

分布：中国浙江（丽水市、莫干山、天目山、凤阳山、四明山、乌岩岭、百山祖），陕西，河南，江苏，安徽，福建，江西，湖南，贵州，广东，广西，台湾；日本，俄罗斯（东西伯利亚）。

宽唇凹颚叶蜂 *Aneugmenus japonicus* Rohwer, 1910

121 锐脊凹颚叶蜂 *Aneugmenus nigrofemoratus* Niu & Wei, 2013

分布： 中国浙江（天目山、凤阳山），福建，江西，湖南，四川，广西，贵州。

锐脊凹颚叶蜂 *Aneugmenus nigrofemoratus* Niu & Wei, 2013

122 黄带凹颚叶蜂 *Aneugmenus pteridii* Malaise, 1944

分布： 中国浙江（丽水市、百山祖、天目山、龙王山、凤阳山、四明山），甘肃，陕西，河南，安徽，重庆，四川，湖北，福建，江西，湖南，贵州，云南，广西；缅甸。

黄带凹颚叶蜂 *Aneugmenus pteridii* Malaise, 1944

123 九龙柄臀叶蜂 *Birka jiulong* Liu, Li & Wei, 2020

分布：中国浙江（丽水市）。

九龙柄臀叶蜂 *Birka jiulong* Liu, Li & Wei, 2020

128 山地沟额叶蜂 *Corrugia montana* (Forsius, 1929)

分布：中国浙江（丽水市），福建，四川，湖北；苏门答腊岛。

山地沟额叶蜂 *Corrugia montana* (Forsius, 1929)

129 浙江拟齿角叶蜂 *Edenticornia zhejiangensis* Wei & Nie, 1998

分布：中国浙江（莫干山、天目山、凤阳山、龙王山、乌岩岭、清凉峰、四明山、百山祖），河北，天津，山东，安徽，河南，湖北，福建，江西，湖南，贵州，广东，广西；越南。

浙江拟齿角叶蜂 *Edenticornia zhejiangensis* Wei & Nie, 1998

130 皮勒弯沟叶蜂 *Euforsius pieli* Wei & Nie, 1998

分布：中国浙江（天目山、百山祖），湖南。

皮勒弯沟叶蜂 *Euforsius pieli* Wei & Nie, 1998

131 中华脊额叶蜂 *Kulia sinensis* (Forsius, 1927)

分布：中国浙江（莲都区、湖州市、天目山、龙王山、百山祖、凤阳山、清凉峰、四明山、乌岩岭），辽宁，内蒙古，甘肃，陕西，河北，北京，山东，河南，江苏，安徽，湖北，重庆，四川，福建，江西，湖南，贵州，云南，广东，广西；韩国，日本。

中华脊额叶蜂 *Kulia sinensis* (Forsius, 1927)

132 大窝狭眶叶蜂 *Linorbita foveatinus* (Wei, 1997)

分布： 中国浙江（凤阳山），湖南。

注：《浙江凤阳山昆虫》记录种类。

大窝狭眶叶蜂 *Linorbita foveatinus* (Wei, 1997)

133 黑跗狭眶叶蜂 *Linorbita nigritarsis* Wei & Niu, 2010

分布：中国浙江（天目山、凤阳山），湖南，广西，贵州。

注：《浙江凤阳山昆虫》记录种类。

黑跗狭眶叶蜂 *Linorbita nigritarsis* Wei & Niu, 2010

134 虞氏狭眶叶蜂 *Linorbita yuae* (Wei, 1997)

分布：中国浙江（丽水市、天目山），湖南。

虞氏狭眶叶蜂 *Linorbita yuae* (Wei, 1997)

135 脊突侧齿叶蜂 *Neostromboceros bicarinata* Wei, 2006

分布：中国浙江（丽水市、天目山、百山祖、乌岩岭、凤阳山），湖南，贵州。

脊突侧齿叶蜂 *Neostromboceros bicarinata* Wei, 2006

136 圆额侧齿叶蜂 *Neostromboceros circulofrons* Wei, 2002

分布：中国浙江（丽水市、天目山、凤阳山、百山祖），陕西，湖北，福建，湖南，重庆，贵州，广东，广西。

圆额侧齿叶蜂 *Neostromboceros circulofrons* Wei, 2002

139 黑跗侧齿叶蜂 *Neostromboceros nigritarsis* Wei & Nie, 1998

分布： 中国浙江（龙王山、天目山、百山祖），福建，湖南，贵州。

黑跗侧齿叶蜂 *Neostromboceros nigritarsis* Wei & Nie, 1998

140 黑肩侧齿叶蜂 *Neostromboceros nigrocollis* Wei, 1998

分布：中国浙江（天目山），河南，安徽，广东。

黑肩侧齿叶蜂 *Neostromboceros nigrocollis* Wei, 1998

141 日本侧齿叶蜂 *Neostromboceros nipponicus* Takeuchi, 1941

分布： 中国浙江（丽水市、龙王山、天目山、清凉峰、四明山），陕西，河北，山东，河南，安徽，湖北，重庆，四川，福建，江西，湖南，贵州，云南，广东，广西；日本。

浙江九龙湿地

日本侧齿叶蜂（雌虫）

日本侧齿叶蜂 ***Neostromboceros nipponicus*** **Takeuchi, 1941**

142 隆唇侧齿叶蜂 *Neostromboceros rohweri* Malaise, 1944

分布： 中国浙江（龙王山、天目山、古田山），福建，湖南，江西，四川，台湾。

隆唇侧齿叶蜂 *Neostromboceros rohweri* Malaise, 1944

143 白肩侧齿叶蜂 *Neostromboceros tegularis* Malaise, 1944

分布：中国浙江（凤阳山），福建，湖南，贵州；缅甸。

白肩侧齿叶蜂 *Neostromboceros tegularis* Malaise, 1944

144 陈氏平缝叶蜂 *Nesoselandria cheni* Wei & Xiao, 1997

分布：中国浙江（丽水市、天目山），湖南，广西。

陈氏平缝叶蜂 *Nesoselandria cheni* Wei & Xiao, 1997

145 黄氏平缝叶蜂 *Nesoselandria huangi* Wei, 2003

分布：中国浙江（凤阳山），安徽，福建。

注：《浙江凤阳山昆虫》记录种类。

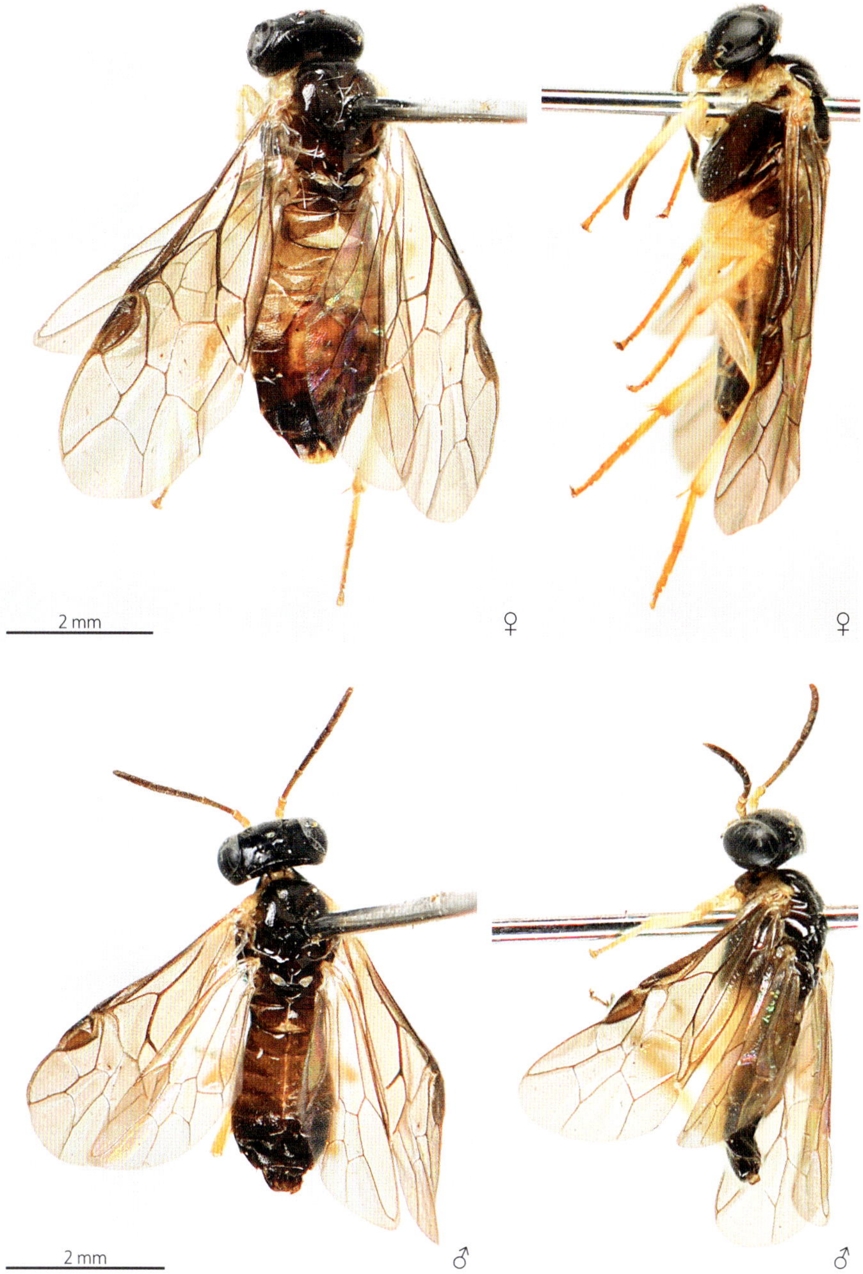

黄氏平缝叶蜂 *Nesoselandria huangi* Wei, 2003

146 中华平缝叶蜂 *Nesoselandria sinica* Wei, 1997

分布： 中国浙江（杭州市、丽水市、天目山），甘肃，陕西，安徽，湖北，四川，福建，湖南，贵州，广西。

中华平缝叶蜂 *Nesoselandria sinica* Wei, 1997

（七）长背叶蜂亚科 Strongylogasterinae

147 中华斑柄叶蜂 *Abusarbia sinica* Wei & Nie, 1998

分布：中国浙江（丽水市、天目山、清凉峰、百山祖、乌岩岭），河南，安徽，四川，福建，湖南，贵州，广东，广西。

浙江百山祖

中华斑柄叶蜂（雌雄交配）

中华斑柄叶蜂 ***Abusarbia sinica*** **Wei & Nie, 1998**

148 黄褐敛柄叶蜂 *Astrombocerina fulva* Wei & Nie, 1998

分布： 中国浙江（天目山、龙王山、百山祖），江西，湖南，四川，贵州。

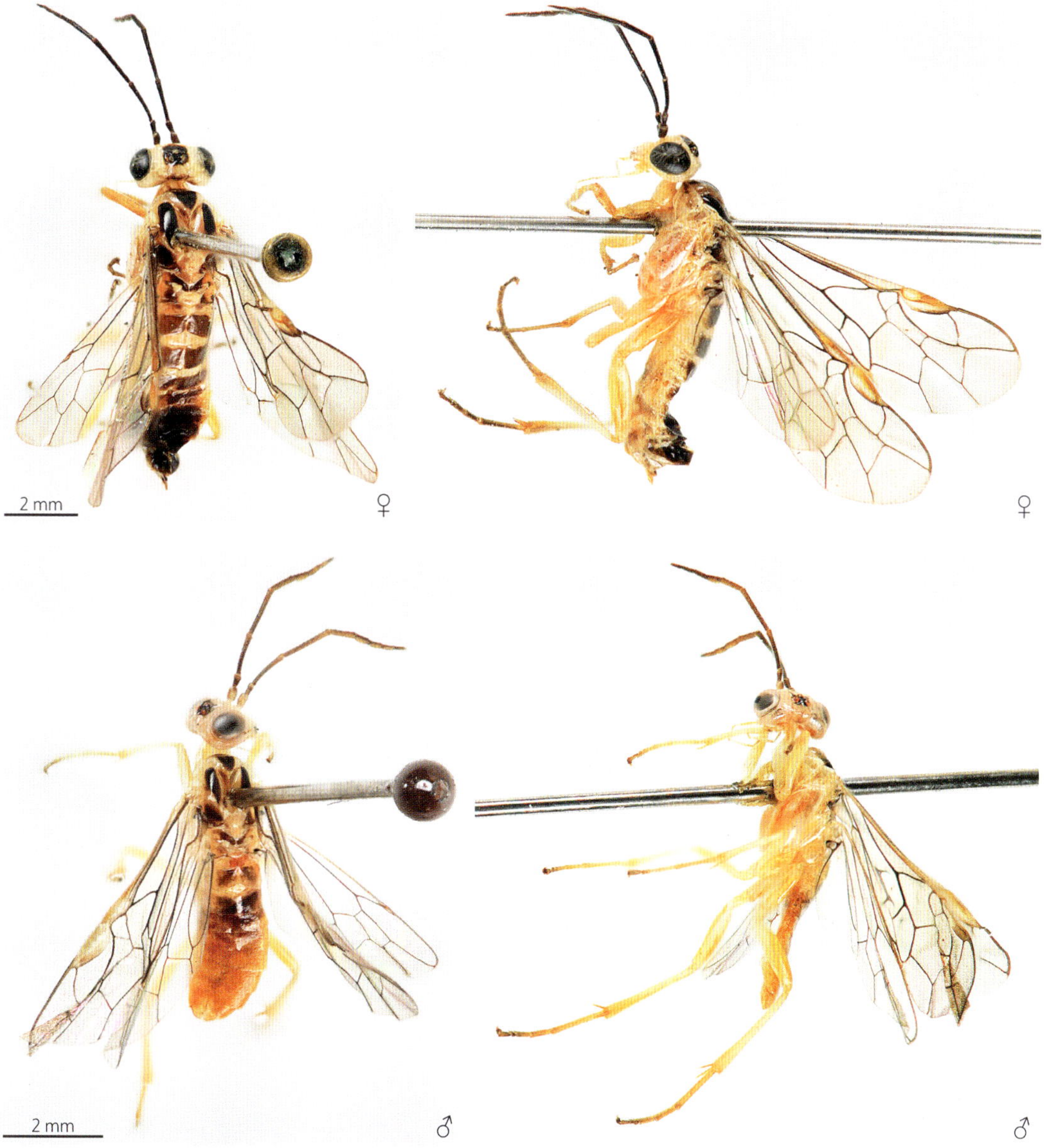

黄褐敛柄叶蜂 *Astrombocerina fulva* Wei & Nie, 1998

149 黑腹脉柄叶蜂 *Busarbidea nigriventris* Wei, 1997

分布： 中国浙江（天目山），河南，安徽，湖北，福建，湖南，贵州，广西。

黑腹脉柄叶蜂 *Busarbidea nigriventris* Wei, 1997

150 淡梗脉柄叶蜂 *Busarbidea pedicellidea* Wei & Nie, 1998

分布：中国浙江（安吉县、天目山、百山祖），安徽。

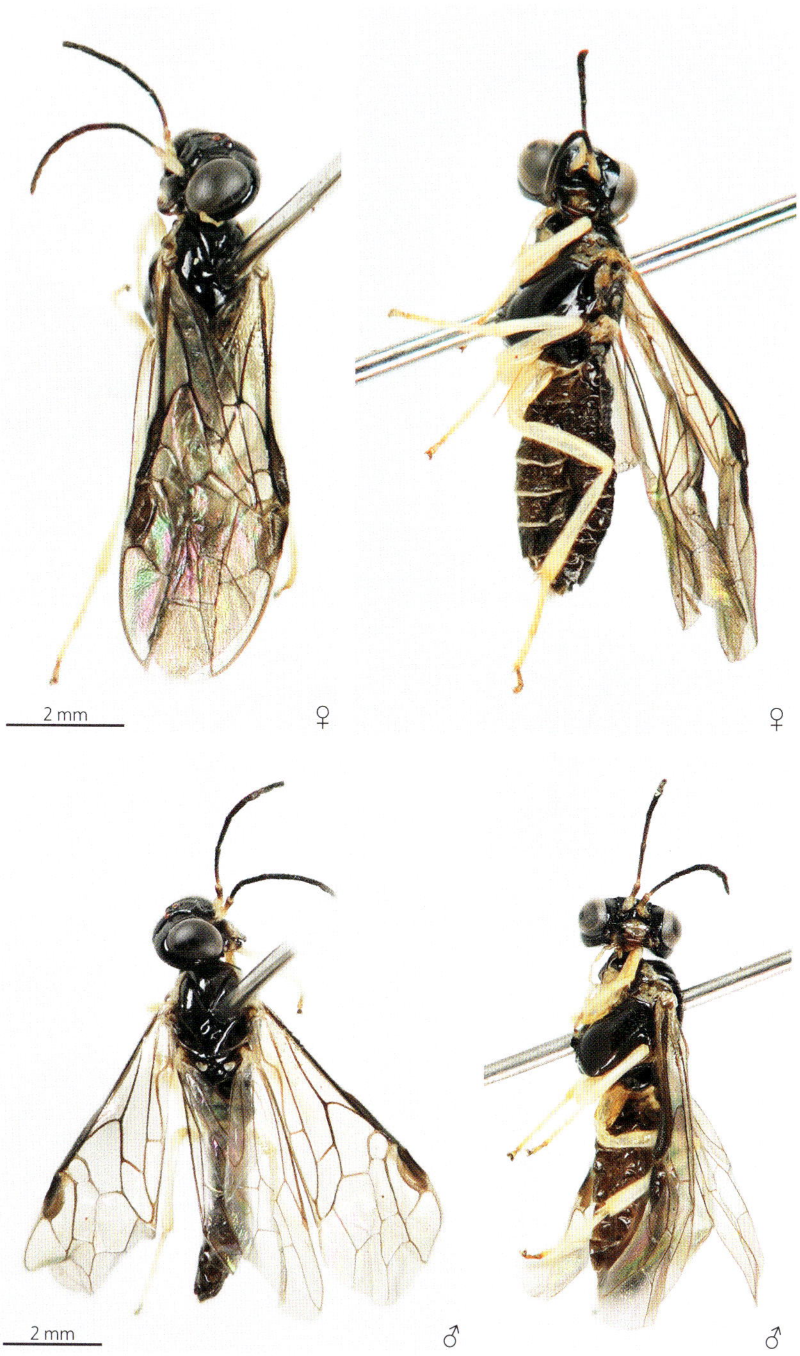

淡梗脉柄叶蜂 *Busarbidea pedicellidea* Wei & Nie, 1998

153 黑腹长背叶蜂 *Strongylogaster formosana* (Rohwer, 1916)

分布： 中国浙江（天目山、龙王山、凤阳山、大洋山），台湾，福建，湖南，广西。

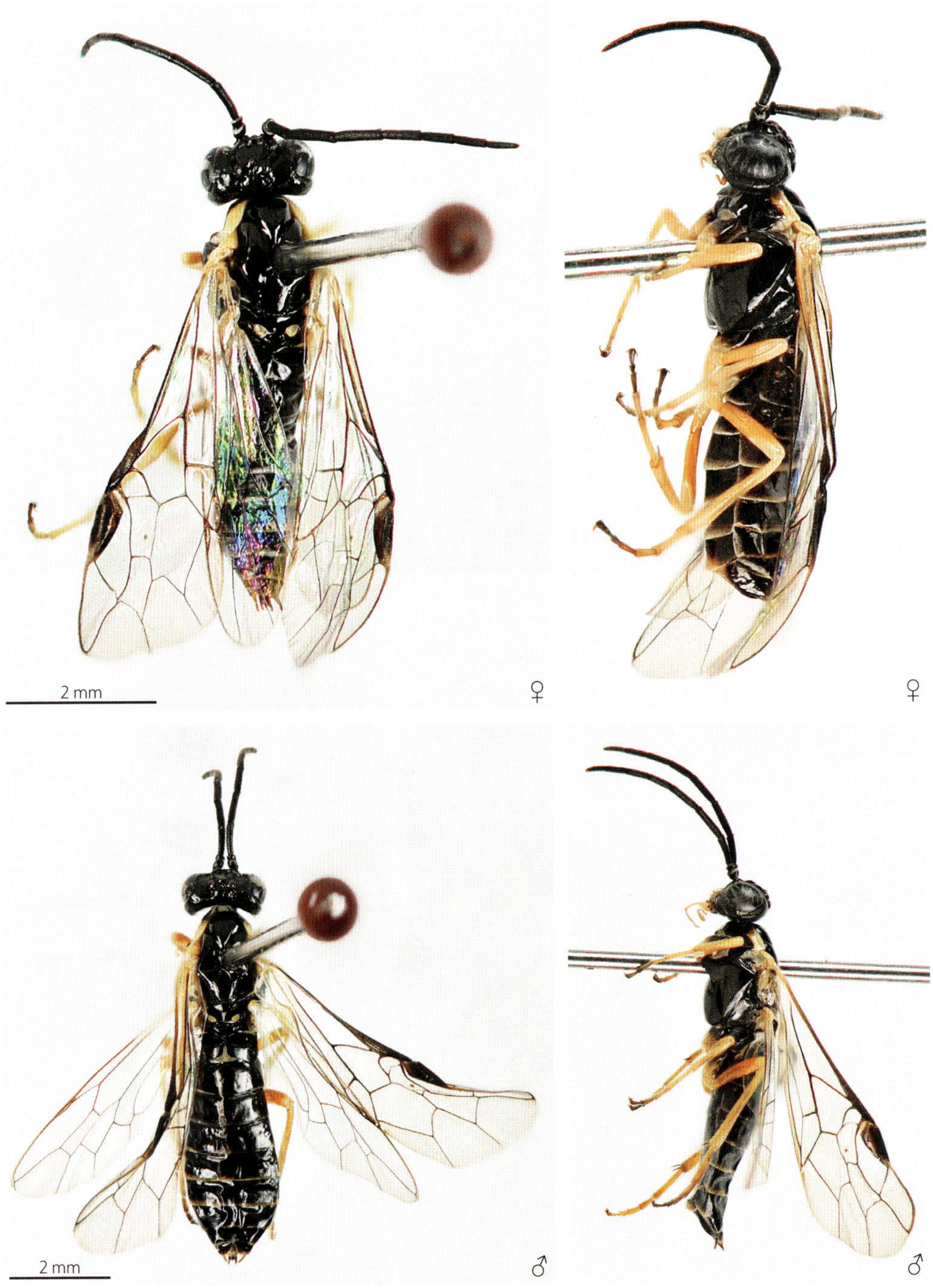

黑腹长背叶蜂 *Strongylogaster formosana* (Rohwer, 1916)

154 斑腹长背叶蜂 *Strongylogaster macula* (Klug, 1817)

分布：中国浙江（天目山、凤阳山、清凉峰、百山祖），甘肃，陕西，安徽，湖北，重庆，四川，湖南，江西，贵州，广东，广西；日本，东北亚，欧洲，北美洲。

寄主植物：蹄盖蕨 *Athyrium filix-femina*、欧洲蕨 *Pteridium aquilinum*。

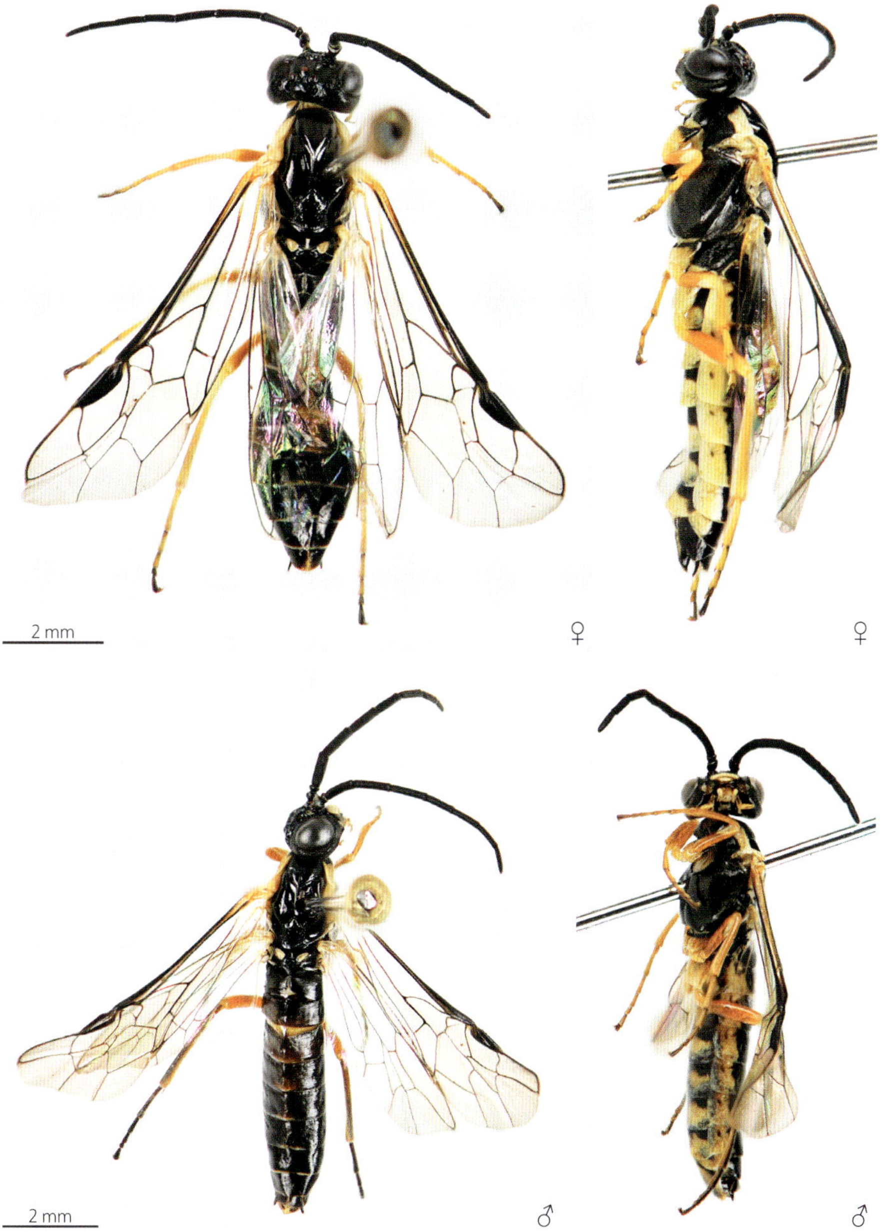

斑腹长背叶蜂 *Strongylogaster macula* (Klug, 1817)

155 天目长背叶蜂 *Strongylogaster tianmuica* Liu, Li & Wei, 2021

分布：中国浙江（天目山）。

天目长背叶蜂 *Strongylogaster tianmuica* Liu, Li & Wei, 2021

156 斑角长背叶蜂 *Strongylogaster xanthocera* (Stephens, 1835)

分布：中国浙江（清凉峰、天目山、大洋山），陕西，安徽，福建，湖南；欧洲。

寄主植物：欧洲蕨 *Pteridium aquilinum*。

斑角长背叶蜂 *Strongylogaster xanthocera* (Stephens, 1835)

（八）麦叶蜂亚科 Dolerinae

159 卡氏麦叶蜂 *Dolerus cameroni* Kirby, 1882

分布：中国浙江（天目山、衢州市、四明山），内蒙古，甘肃，陕西，山西，河北，北京，河南，安徽，江苏，湖北，重庆，四川，福建，上海，湖南，广东，广西，海南。

卡氏麦叶蜂 *Dolerus cameroni* Kirby, 1882

160 台湾凹眼叶蜂 *Loderus formosanus* Rohwer, 1916

分布： 中国浙江（杭州市、百山祖），台湾。

台湾凹眼叶蜂 *Loderus formosanus* Rohwer, 1916

161 华东新麦叶蜂 *Neodolerus affinis* (Cameron, 1876)

分布： 中国浙江（丽水市），安徽，江苏，江西；韩国，日本。

华东新麦叶蜂 *Neodolerus affinis* (Cameron, 1876)

162 黑缨新麦叶蜂 *Neodolerus guisanicollis* (Wei, 1999)

分布： 中国浙江（莫干山），陕西，河南，湖南。

黑缨新麦叶蜂 *Neodolerus guisanicollis* (Wei, 1999)

165 副新麦叶蜂 *Neodolerus vulneraffis* (Wei, 2003)

分布： 中国浙江（百山祖、凤阳山、莫干山、天目山、杭州市），陕西，河南，江苏，安徽，福建，江西，湖南，广东，广西；韩国。

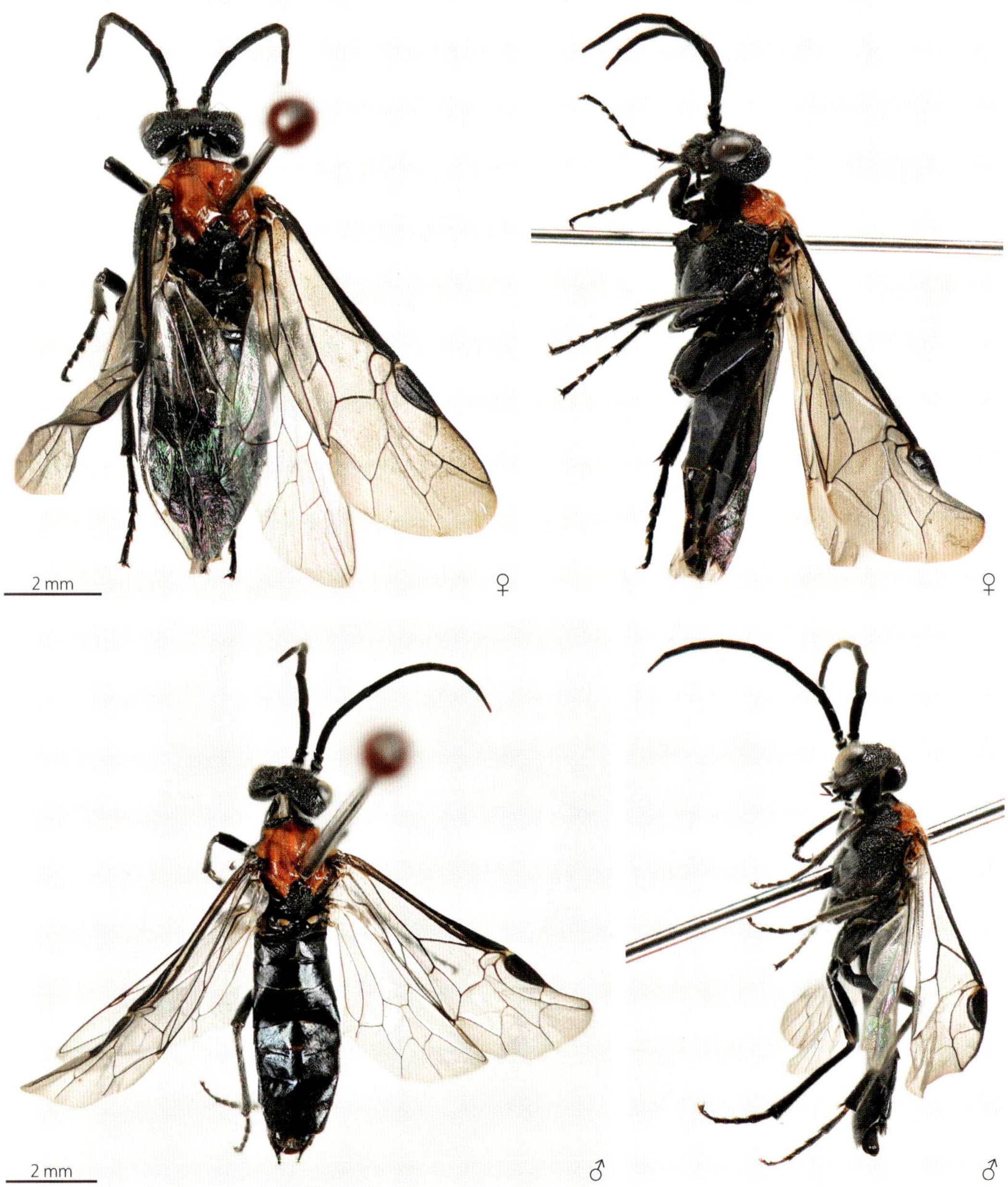

副新麦叶蜂 *Neodolerus vulneraffis* (Wei, 2003)

（九）巨基叶蜂亚科 Megabelesesinae

166 凤阳巨基叶蜂 *Megabeleses fengyangshana* Li, Liu & Wei, 2022

分布： 中国浙江（凤阳山）。

寄主植物： 鹅掌楸 *Liriodendron chinense*。

鹅掌楸

凤阳巨基叶蜂（幼虫）

凤阳巨基叶蜂（幼虫）

凤阳巨基叶蜂 ***Megabeleses fengyangshana*** **Li, Liu & Wei, 2022**

167 鹅掌楸巨基叶蜂 *Megabeleses liriodendrovorax* Xiao, 1993

分布： 中国浙江（天目山、丽水市、龙王山、百山祖），安徽，江西，湖南。

寄主植物： 鹅掌楸 *Liriodendron chinense*。

鹅掌楸

鹅掌楸

鹅掌楸巨基叶蜂 ***Megabeleses liriodendrovorax*** **Xiao, 1993**

168 木兰巨基叶蜂 *Megabeleses magnoliae* Wei & Niu, 2010

分布：中国浙江（天目山、古田山），安徽。

寄主植物：北美木兰属 *Magnolia*。

木兰巨基叶蜂 *Megabeleses magnoliae* Wei & Niu, 2010

（十）平背叶蜂亚科 Allantinae

169 黑唇十脉叶蜂 *Allantoides luctifer* (F. Smith, 1874)

分布： 中国浙江（天目山、四明山、丽水市），黑龙江，吉林，辽宁，内蒙古，甘肃，宁夏，陕西，河北，山西，北京，天津，山东，河南，江苏，安徽，上海，福建，台湾，江西，湖南，重庆，四川，贵州；韩国，日本，俄罗斯（东西伯利亚）。

黑唇十脉叶蜂 *Allantoides luctifer* (F. Smith, 1874)

170 白唇十脉叶蜂 *Allantoides nigrocaeruleus* (F. Smith, 1874)

分布：中国浙江（丽水市、天目山、龙王山、清凉峰、四明山、百山祖），吉林，陕西，北京，天津，山东，河南，江苏，安徽，湖北，重庆，四川，台湾，福建，江西，湖南，贵州，云南，广东，广西；韩国，日本。

白唇十脉叶蜂 *Allantoides nigrocaeruleus* (F. Smith, 1874)

171 异色前室叶蜂 *Allomorpha fulva* Takeuchi, 1938

分布：中国浙江（莫干山、天目山、丽水市），江苏，安徽，福建，江西。

异色前室叶蜂 *Allomorpha fulva* Takeuchi, 1938

172 黄眶前室叶蜂 *Allomorpha incisa* Cameron, 1876

分布： 中国浙江（丽水市、杭州市），江西，湖南，云南。

寄主植物： 白檀 *Symplocos tanakana*。

白檀

白檀

黄眶前室叶蜂 *Allomorpha incisa* **Cameron, 1876**

173 黑眶前室叶蜂 *Allomorpha nigriceps* Wei, 1997

分布：中国浙江（天目山、清凉峰），河南，安徽，福建，江西，湖南，广西。

黑眶前室叶蜂 *Allomorpha nigriceps* Wei, 1997

174 白胫前室叶蜂 *Allomorpha tibialis* Wei, 1997

分布：中国浙江（清凉峰），安徽，福建，江西，湖南。

白胫前室叶蜂 *Allomorpha tibialis* Wei, 1997

175 尖刃狭背叶蜂 *Ametastegia acutiserrula* Wei, 1999

分布：中国浙江（天目山、凤阳山、莲都区、龙泉市、遂昌县、湖州市），河南，江西，湖南。

尖刃狭背叶蜂 *Ametastegia acutiserrula* Wei, 1999

176 白跗狭背叶蜂 *Ametastegia leucotarsis* Wei, 1999

分布：中国浙江（天目山、四明山），河南，安徽，福建，江西，湖南，广东，贵州。

白跗狭背叶蜂 *Ametastegia leucotarsis* Wei, 1999

177 刘氏狭背叶蜂 *Ametastegia liuzhiweii* Wei & Niu, 2010

分布： 中国浙江（凤阳山），河南，湖南，广西。

注：《浙江凤阳山昆虫》记录种类。

刘氏狭背叶蜂 *Ametastegia liuzhiweii* Wei & Niu, 2010

178 黑唇狭背叶蜂 *Ametastegia nigroclypea* Wei, 2003

分布：中国浙江（大盘山），安徽，福建。

黑唇狭背叶蜂 *Ametastegia nigroclypea* Wei, 2003

179 中华狭背叶蜂 *Ametastegia sinica* Wei, 1998

分布： 中国浙江（天目山），辽宁，山西，河北，河南，湖南。

中华狭背叶蜂 *Ametastegia sinica* Wei, 1998

180 扁角秋叶蜂 *Apethymus compressicornis* Zhu & Wei, 2008

分布： 中国浙江（清凉峰、天目山），陕西，安徽。

扁角秋叶蜂 *Apethymus compressicornis* Zhu & Wei, 2008

181 黄胫秋叶蜂 *Apethymus xanthotibialis* Wei, 2007

分布： 中国浙江（百山祖、乌岩岭、凤阳山），湖北，湖南，广东，广西。

黄胫秋叶蜂 *Apethymus xanthotibialis* Wei, 2007

182 黄盾后室叶蜂 *Asiemphytus esakii* (Takeuchi, 1933)

分布： 中国浙江（凤阳山、天目山、龙王山、清凉峰、大盘山、百山祖、乌岩岭），河南，安徽，湖北，重庆，四川，台湾，福建，江西，湖南，贵州；日本。

黄盾后室叶蜂（雌虫）

黄盾后室叶蜂 ***Asiemphytus esakii*** **(Takeuchi, 1933)**

183 细角狭腹叶蜂 *Athlophorus graciloides* Malaise, 1947

分布： 中国浙江（天目山、乌岩岭），福建，湖南，广西，台湾。

细角狭腹叶蜂 *Athlophorus graciloides* Malaise, 1947

184 黄股蔡氏叶蜂 *Caiina xanthofemorata* Wei & Li, 2024

分布：中国浙江（百山祖、乌岩岭、天目山、清凉峰）。

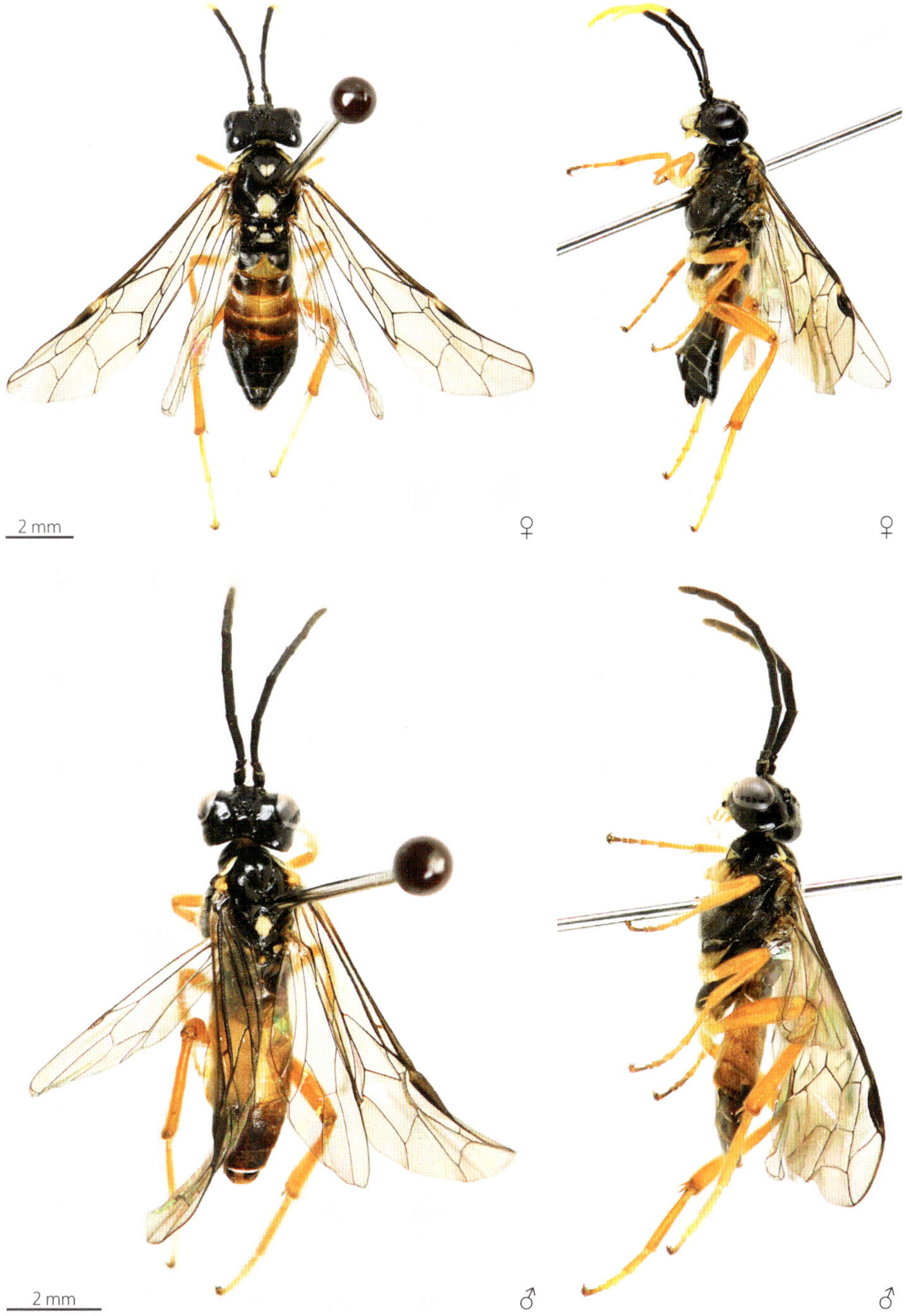

黄股蔡氏叶蜂 *Caiina xanthofemorata* Wei & Li, 2024

185 星雨蔡氏叶蜂 *Caiina xingyuae* Wei & Li, 2024

分布：中国浙江（百山祖、凤阳山），湖南。

星雨蔡氏叶蜂 *Caiina xingyuae* Wei & Li, 2024

186 白唇小唇叶蜂 *Clypea alboclypea* Wei, 2002

分布：中国浙江（清凉峰、天目山），陕西，甘肃，河南，四川，湖北，湖南，江西。

白唇小唇叶蜂 *Clypea alboclypea* Wei, 2002

189 红胫小唇叶蜂 *Clypea rubitibia* Wei, 2006

分布：中国浙江（天目山、古田山），江西，湖南，贵州。

红胫小唇叶蜂 *Clypea rubitibia* Wei, 2006

190 中华小唇叶蜂 *Clypea sinica* Wei, 1997

分布： 中国浙江（莫干山、天目山、清凉峰、凤阳山、四明山、古田山、乌岩岭、百山祖），河南，湖北，安徽，重庆，四川，福建，江西，湖南，贵州，广西，云南。

中华小唇叶蜂 *Clypea sinica* Wei, 1997

191 多变片爪叶蜂 *Darjilingia formosana* (Rohwer, 1916)

分布： 中国浙江（凤阳山、天目山、清凉峰、丽水市、百山祖、乌岩岭），湖北，台湾，福建，江西，湖南，重庆，四川，贵州，广东，广西，云南。

多变片爪叶蜂 *Darjilingia formosana* (Rohwer, 1916)

192 黑胫近曲叶蜂 *Emphystegia nigrotibia* Wei & Nie, 1998

分布：中国浙江（天目山、清凉峰、龙王山、古田山），陕西，山西，河南，安徽，广西。

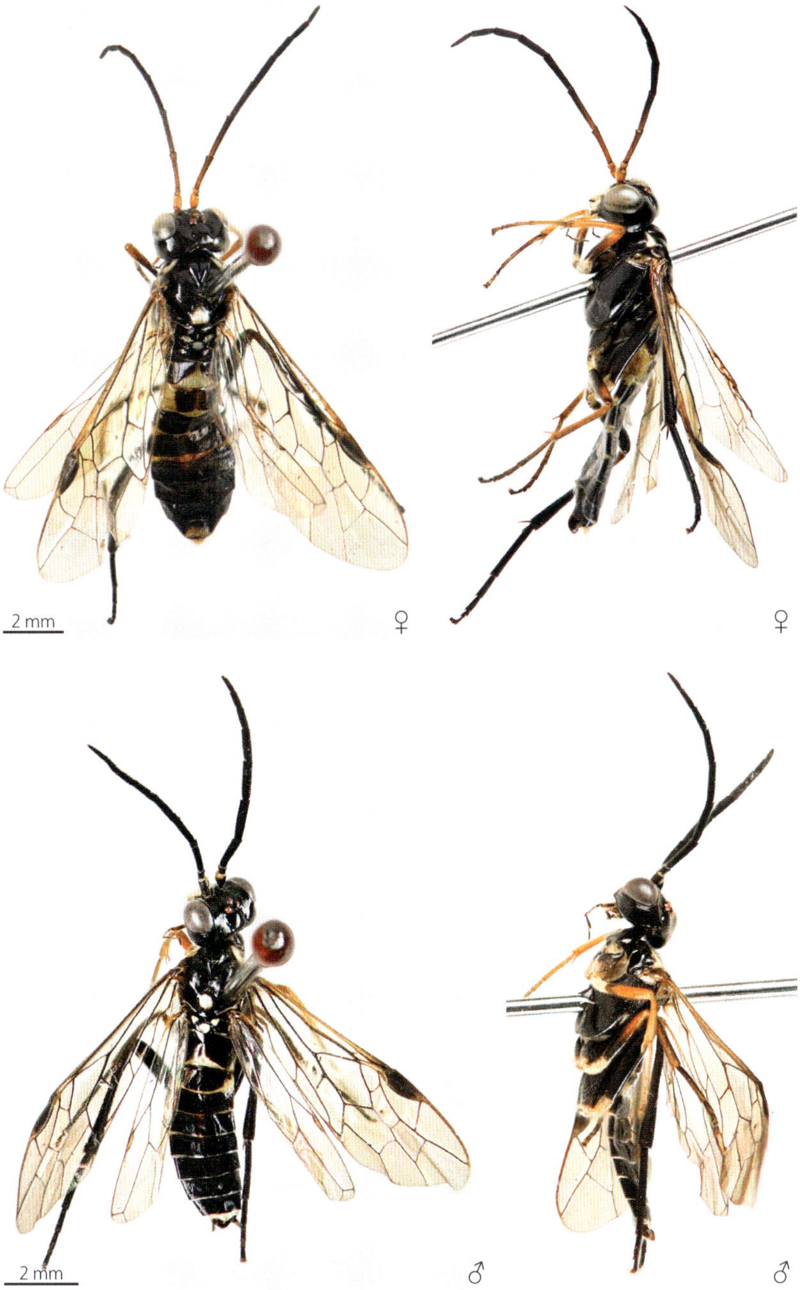

黑胫近曲叶蜂 *Emphystegia nigrotibia* Wei & Nie, 1998

193 凤阳带斑叶蜂 *Emphytopsis fengyangshana* Wei & Li, 2024

分布：中国浙江（凤阳山、四明山、天目山）。

凤阳带斑叶蜂 *Emphytopsis fengyangshana* Wei & Li, 2024

194 李氏带斑叶蜂 *Emphytopsis lii* Wei, 2011

分布： 中国浙江（天目山、清凉峰）。

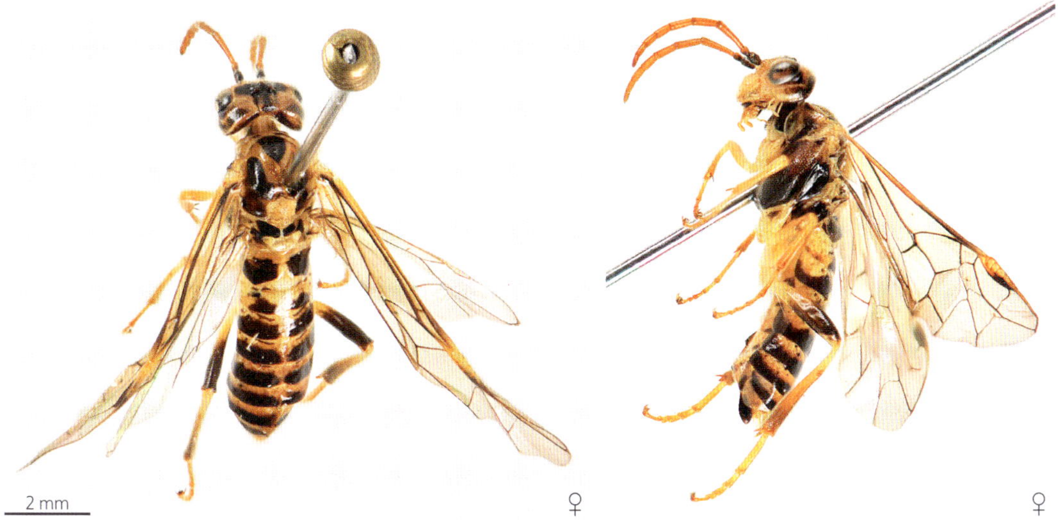

李氏带斑叶蜂 *Emphytopsis lii* Wei, 2011

195 刻胸带斑叶蜂 *Emphytopsis punctata* Wei & Nie, 1998

分布：中国浙江（天目山），安徽，江西。

刻胸带斑叶蜂 *Emphytopsis punctata* Wei & Nie, 1998

196 方顶带斑叶蜂 *Emphytopsis quadrata* Wei & Xu, 2011

分布： 中国浙江（天目山），安徽。

方顶带斑叶蜂 *Emphytopsis quadrata* Wei & Xu, 2011

197 亚美曲叶蜂 *Emphytus nigritibialis* (Rohwer, 1911)

分布：中国浙江（天目山、四明山、丽水市、湖州市、凤阳山），吉林，宁夏，甘肃，山西，河北，河南，陕西，安徽，江苏，湖南，福建，香港，四川，贵州；韩国，俄罗斯（西伯利亚），日本，北美洲。

亚美曲叶蜂 *Emphytus nigritibialis* (Rohwer, 1911)

198 沟额斑腹叶蜂 *Empria sulcata* Wei & Nie, 1998

分布：中国浙江（龙王山、天目山），湖南。

沟额斑腹叶蜂 *Empria sulcata* Wei & Nie, 1998

201 短柄直脉叶蜂 *Hemocla brevinervis* Wei, 1997

分布： 中国浙江（天目山、凤阳山、丽水市、白云山），甘肃，陕西，安徽，湖北，重庆，四川，福建，湖南，江西，贵州，云南，广西。

短柄直脉叶蜂 *Hemocla brevinervis* Wei, 1997

202 烟翅直脉叶蜂 *Hemocla infumata* Wei, 1995

分布： 中国浙江（百山祖），湖南。

注:《华东百山祖昆虫》记录种类。

烟翅直脉叶蜂 *Hemocla infumata* Wei, 1995

203 黄胸金氏叶蜂 *Jinia zhengi* Wei & Nie, 1999

分布：中国浙江（百山祖、凤阳山），湖南。

黄胸金氏叶蜂 *Jinia zhengi* Wei & Nie, 1999

204 横斑丽叶蜂 *Linomorpha flava* (Takeuchi, 1938)

分布：中国浙江（杭州市、凤阳山、天目山、莫干山、清凉峰、四明山、丽水市、湖州市），江苏，安徽，福建，江西，湖南，重庆，广东。

浙江凤阳山

横斑丽叶蜂（雌虫）

横斑丽叶蜂 ***Linomorpha flava*** **(Takeuchi, 1938)**

205 粗角大曲叶峰 *Macremphytus crassicornis* Wei, 1997

分布：中国浙江（天目山），甘肃，陕西，安徽，河南，湖南，四川，贵州，广西。

粗角大曲叶峰 *Macremphytus crassicornis* Wei, 1997

206 斑翅圆颊叶蜂 *Parallantus maculipennis* Wei & Nie, 1998

分布：中国浙江（天目山、清凉峰、百山祖、凤阳山），福建，江西；越南。

斑翅圆颊叶蜂 *Parallantus maculipennis* Wei & Nie, 1998

207 狭细原曲叶蜂 *Protemphytus tenuisomatus* Wei & Nie, 2002

分布：中国浙江（百山祖、莫干山、清凉峰、天目山、丽水市），湖北，湖南，海南。

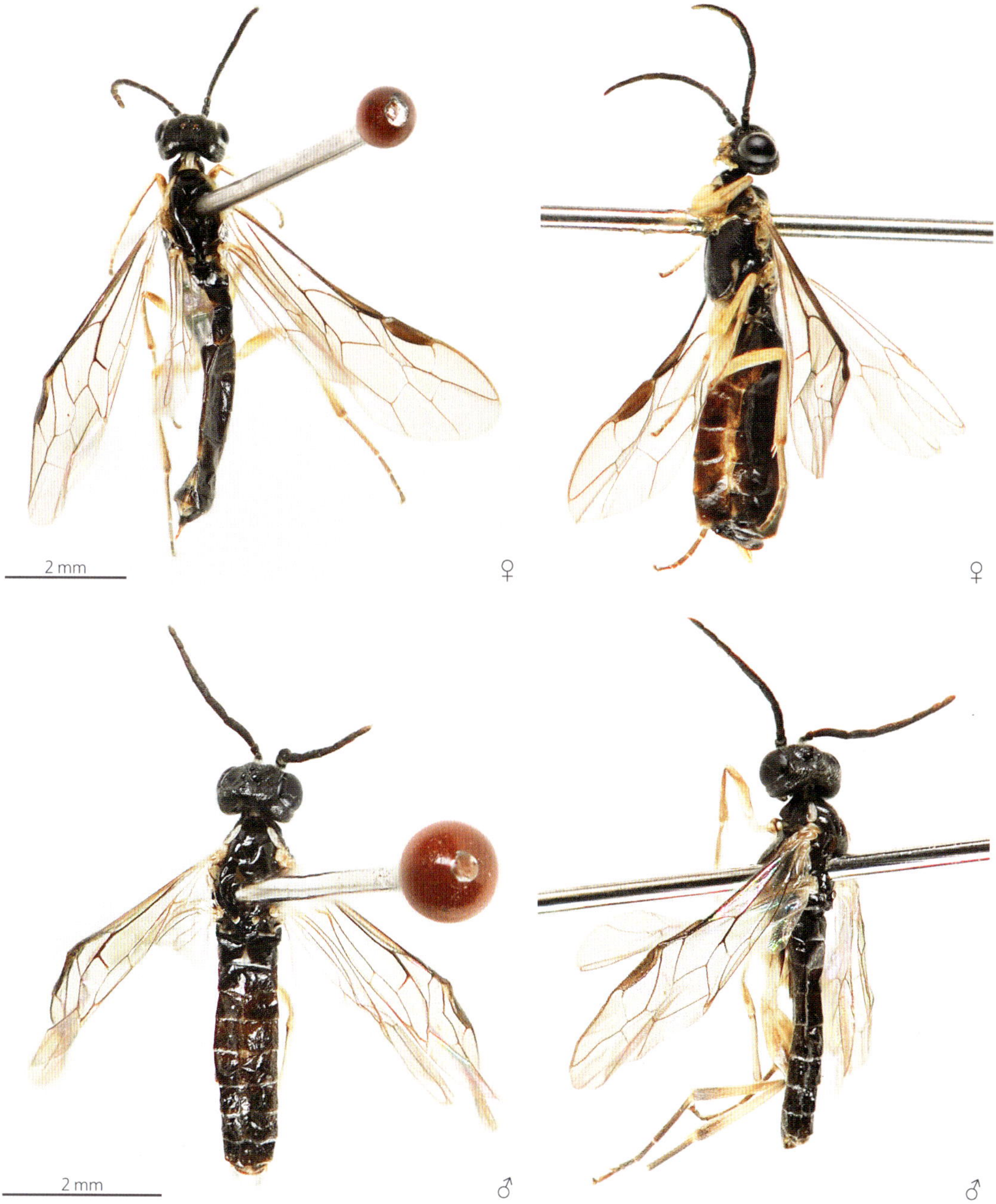

狭细原曲叶蜂 *Protemphytus tenuisomatus* Wei & Nie, 2002

208 天目原曲叶蜂 *Protemphytus tianmunicus* Wei & Nie, 1998

分布：中国浙江（天目山、清凉峰、古田山、百山祖），安徽，福建，湖南，湖北。

天目原曲叶蜂 *Protemphytus tianmunicus* Wei & Nie, 1998

209 黄股伪平叶蜂 *Pseudallantus flatoclypea* (Zhu & Wei, 2008)

分布：中国浙江（百山祖、莲都区、凤阳山、乌岩岭、大洋山），湖南，陕西，甘肃。

黄股伪平叶蜂 *Pseudallantus flatoclypea* (Zhu & Wei, 2008)

浙江凤阳山

浙江百山祖

210 优雅叶蜂 *Stenemphytus superbus* Wei & Nie, 1999

分布：中国浙江（松阳县、遂昌县、莲都区、百山祖、乌岩岭），四川，福建，湖南。

优雅叶蜂 *Stenemphytus superbus* Wei & Nie, 1999

211 浙江细曲叶蜂 *Stenempria zhejiangensis* Wei, 2024

分布： 中国浙江（丽水市、天目山）。

浙江细曲叶蜂 *Stenempria zhejiangensis* Wei, 2024

212 白唇元叶蜂 *Taxonus alboclypea* (Wei, 1997)

分布：中国浙江（天目山、凤阳山、雁荡山、清凉峰、四明山），陕西，湖北，四川，重庆，湖南，贵州，云南，广东，广西。

白唇元叶蜂 *Taxonus alboclypea* (Wei, 1997)

215 川陕元叶蜂 *Taxonus chuanshanicus* Wei, 1997

分布： 中国浙江（凤阳山、天目山），陕西，河南，四川，重庆，湖南，贵州。

川陕元叶蜂 *Taxonus chuanshanicus* Wei, 1997

216 蓬莱元叶蜂 *Taxonus formosacolus* (Rohwer, 1916)

分布： 中国浙江（天目山、莫干山、龙王山、清凉峰、四明山、凤阳山、百山祖、乌岩岭），陕西，河南，安徽，湖北，台湾，福建，江西，湖南，四川，贵州，广东，广西；越南。

蓬莱元叶蜂（雄虫）

蓬莱元叶蜂（雄虫）

蓬莱元叶蜂（雄虫）

蓬莱元叶蜂 ***Taxonus formosacolus* (Rohwer, 1916)**

217 潇湘元叶蜂 *Taxonus hunanensis* Wei & Huang, 2007

分布： 中国浙江（天目山），湖南。

潇湘元叶蜂 *Taxonus hunanensis* Wei & Huang, 2007

218 开室元叶蜂 *Taxonus immarginervis* (Malaise, 1957)

分布：中国浙江（凤阳山），陕西，四川，湖南，贵州，云南，广西；缅甸。

开室元叶蜂 *Taxonus immarginervis* (Malaise, 1957)

219 白基元叶蜂 *Taxonus leucocoxus* Wei & Nie, 1998

分布：中国浙江（龙王山、凤阳山、天目山、百山祖），河南，福建，江西，湖南。

白基元叶蜂 *Taxonus leucocoxus* Wei & Nie, 1998

222 竹内元叶蜂 *Taxonus takeuchii* Wei, 1997

分布： 中国浙江（天目山、莫干山、凤阳山、清凉峰），安徽，湖北，福建，湖南。

竹内元叶蜂 *Taxonus takeuchii* Wei, 1997

223 天目元叶蜂 *Taxonus tianmunicus* Wei & Nie, 1998

分布：中国浙江（天目山、清凉峰、丽水市、百山祖、乌岩岭），安徽；越南。

天目元叶蜂（雌虫）

天目元叶蜂（雌虫）

天目元叶蜂 ***Taxonus tianmunicus* Wei & Nie, 1998**

224 单环纵脊叶蜂 *Xenapatidea monomera* Wei, 1999 浙江省新记录种

分布：中国浙江（乌岩岭、百山祖），河南，福建，湖南，贵州，广东，广西。

浙江百山祖

单环纵脊叶蜂（雌虫）

单环纵脊叶蜂 ***Xenapatidea monomera*** **Wei, 1999**

225 寡毛纵脊叶蜂 *Xenapatidea procincta* (Konow, 1903)

分布：中国浙江（龙王山、天目山、莫干山、大盘山），河南，陕西，安徽，湖北，四川，江西，湖南，广西，贵州，云南。

寡毛纵脊叶蜂 *Xenapatidea procincta* (Konow, 1903)

228 长鞘钝颊叶蜂 *Aglaostigma occipitosum* (Malaise, 1931)

分布： 中国浙江（天目山），黑龙江，辽宁，宁夏，甘肃，陕西，山西，河北，河南，安徽，湖北，湖南，重庆，四川，贵州；俄罗斯（西伯利亚），日本。

长鞘钝颊叶蜂 *Aglaostigma occipitosum* (Malaise, 1931)

229 双环钝颊叶蜂 *Aglaostigma pieli* (Takeuchi, 1938)

分布： 中国浙江（天目山、凤阳山、清凉峰、百山祖、大洋山），甘肃，河北，山东，陕西，安徽，河南，湖北，重庆，四川，湖南，江西，福建，贵州；韩国。

双环钝颊叶蜂（雌虫）

双环钝颊叶蜂（雌虫）

双环钝颊叶蜂（雄虫）

双环钝颊叶蜂（雌虫）

双环钝颊叶蜂（雌虫）

双环钝颊叶蜂（雄虫）

双环钝颊叶蜂（雌虫）

双环钝颊叶蜂（雌虫）

双环钝颊叶蜂（雌虫）

双环钝颊叶蜂（雌虫）

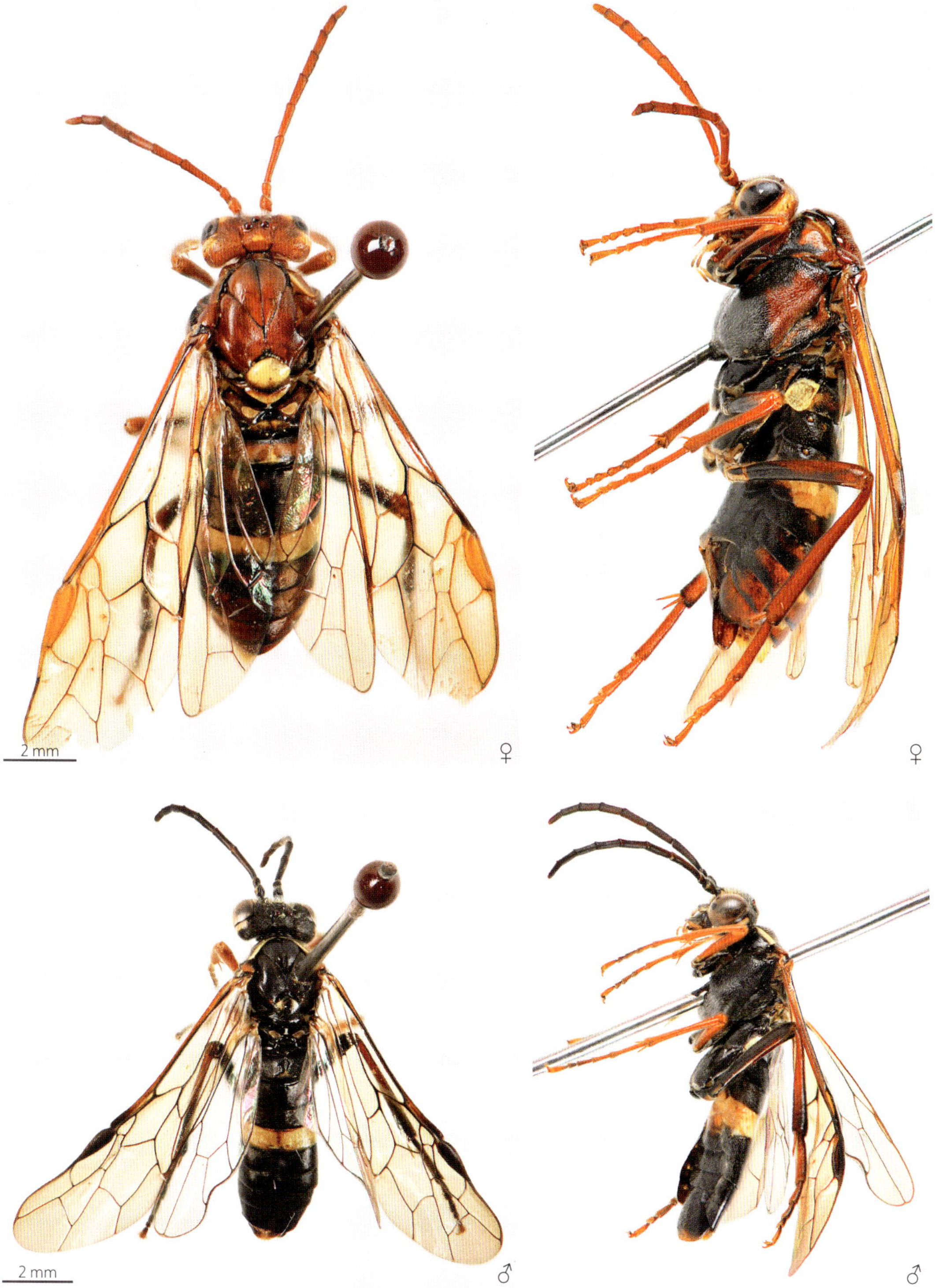

双环钝颊叶蜂 *Aglaostigma pieli* (Takeuchi, 1938)

230 红角钝颊叶蜂 *Aglaostigma ruficorne* (Malaise, 1937)

分布：中国浙江（天目山、古田山、百山祖、凤阳山），重庆，湖北，湖南，云南，广西；缅甸。

浙江天目山

红角钝颊叶蜂（雌虫）

红角钝颊叶蜂 ***Aglaostigma ruficorne*** **(Malaise, 1937)**

231 黑色小臀叶蜂 *Colochela nigrata* Wei & Niu, 2016

分布：中国浙江（天目山、乌岩岭），陕西，湖北，安徽，湖南，重庆，广西。

黑色小臀叶蜂 *Colochela nigrata* Wei & Niu, 2016

黑色小臀叶蜂（雌虫）

黑色小臀叶蜂（雌虫）

232 光额黑盔叶蜂 *Corymbas glabrifrons* Wei & Zhang, 2009

分布：中国浙江（天目山、凤阳山、乌岩岭），湖南，广西，福建。

光额黑盔叶蜂（雌虫）

光额黑盔叶蜂（雌虫）

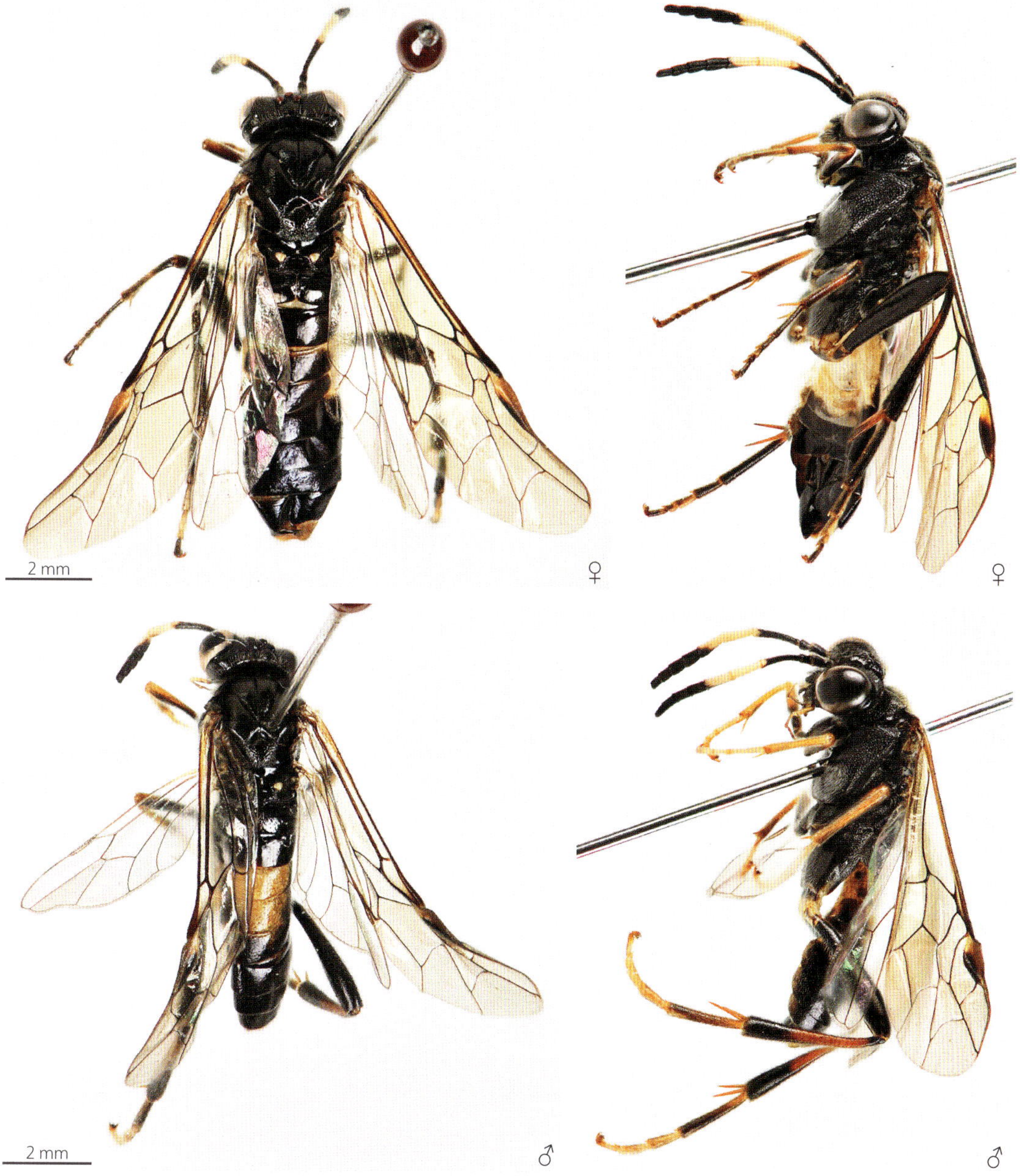

光额黑盔叶蜂 ***Corymbas glabrifrons* Wei & Zhang, 2009**

233 小窝黑盔叶蜂 *Corymbas minutifovea* Wei & Niu, 2024

分布：中国浙江（天目山），陕西，安徽，江西，湖南。

小窝黑盔叶蜂 *Corymbas minutifovea* Wei & Niu, 2024

234 东方壮并叶蜂 *Jermakia sibirica* (Kriechbaumer, 1869)

分布： 中国浙江（天目山），黑龙江，吉林，辽宁，内蒙古，新疆，宁夏，山西，河北，北京，山东，河南，陕西，湖北，四川，上海；朝鲜，蒙古国，俄罗斯（西伯利亚）。

东方壮并叶蜂 *Jermakia sibirica* (Kriechbaumer, 1869)

235 黑足隐斑叶蜂 *Lagidina nigripes* Wei & Nie, 2002

分布： 中国浙江（乌岩岭），陕西，河南，安徽，重庆。

黑足隐斑叶蜂 *Lagidina nigripes* Wei & Nie, 2002

236 白唇隐斑叶蜂 *Lagidina pieli* (Takeuchi, 1940)

分布：中国浙江（丽水市、天目山、清凉峰、凤阳山），安徽，湖北，四川，福建，江西，湖南，贵州，广东，云南。

白唇隐斑叶蜂 *Lagidina pieli* (Takeuchi, 1940)

237 歪唇隐斑叶蜂 *Lagidina trimaculata* (Cameron, 1876)

分布：中国浙江（丽水市、凤阳山、天目山、清凉峰、四明山、古田山、百山祖、乌岩岭），安徽，湖北，四川，福建，江西，湖南，贵州，广东，广西。

歪唇隐斑叶蜂（雌虫）

歪唇隐斑叶蜂（雌虫）

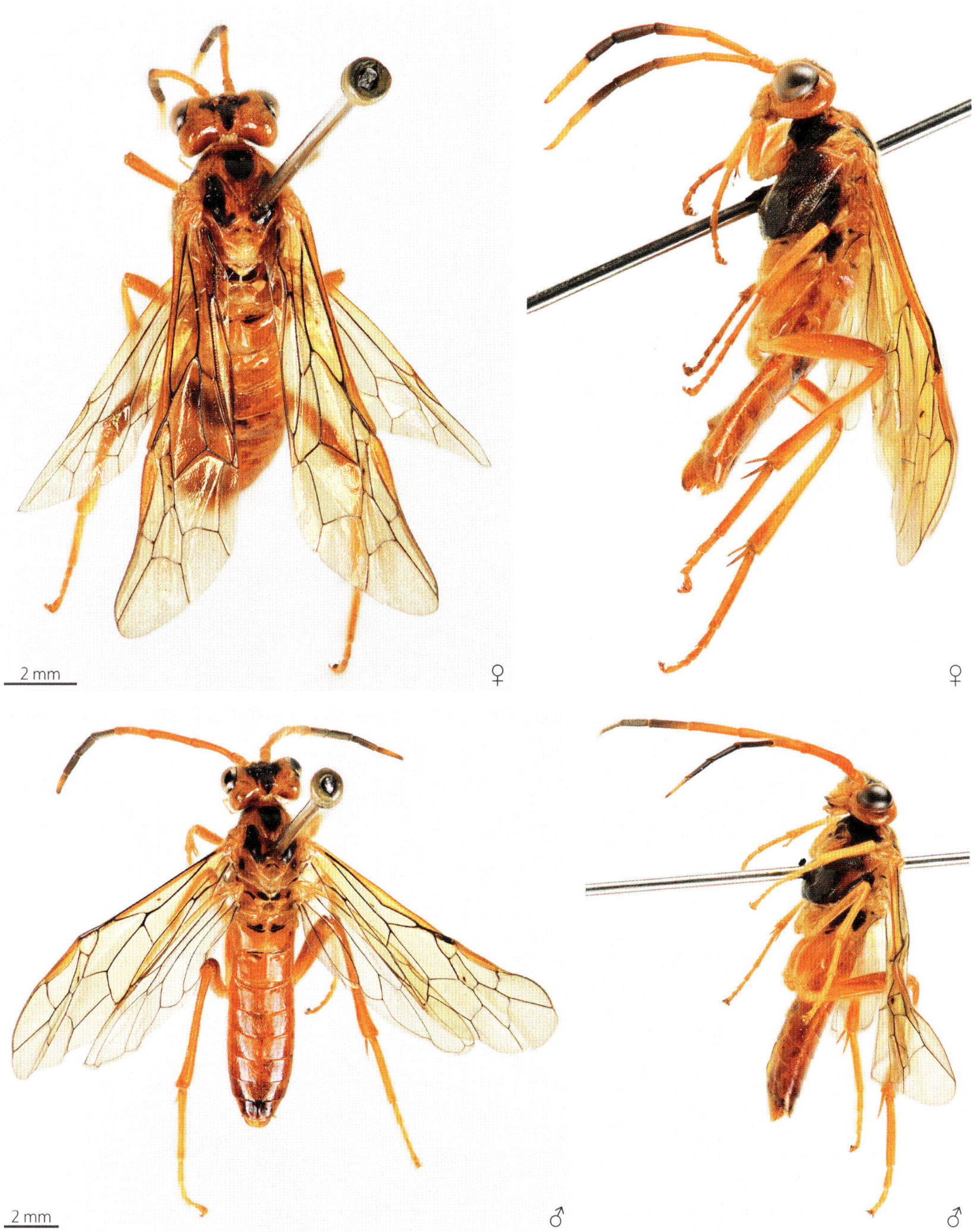

歪唇隐斑叶蜂 ***Lagidina trimaculata*** **(Cameron, 1876)**

238 尖唇钩瓣叶蜂 *Macrophya acuminiclypeus* Zhang & Wei, 2006

分布： 中国浙江（凤阳山），湖南，江西，福建。

尖唇钩瓣叶蜂 *Macrophya acuminiclypeus* Zhang & Wei, 2006

239 白环钩瓣叶蜂 *Macrophya albannulata* Wei & Nie, 1998

分布：中国浙江（松阳县、四明山、天目山、龙王山、凤阳山、清凉峰、百山祖、乌岩岭），陕西，重庆，四川，安徽，湖北，福建，湖南，江西，贵州，广东，广西。

白环钩瓣叶蜂 *Macrophya albannulata* Wei & Nie, 1998

240 接骨木钩瓣叶蜂 *Macrophya carbonaria* F. Smith, 1874

分布：中国浙江（天目山），辽宁；日本，俄罗斯（东西伯利亚、萨哈林岛）。

寄主植物：接骨木 *Sambucus williamsii*。

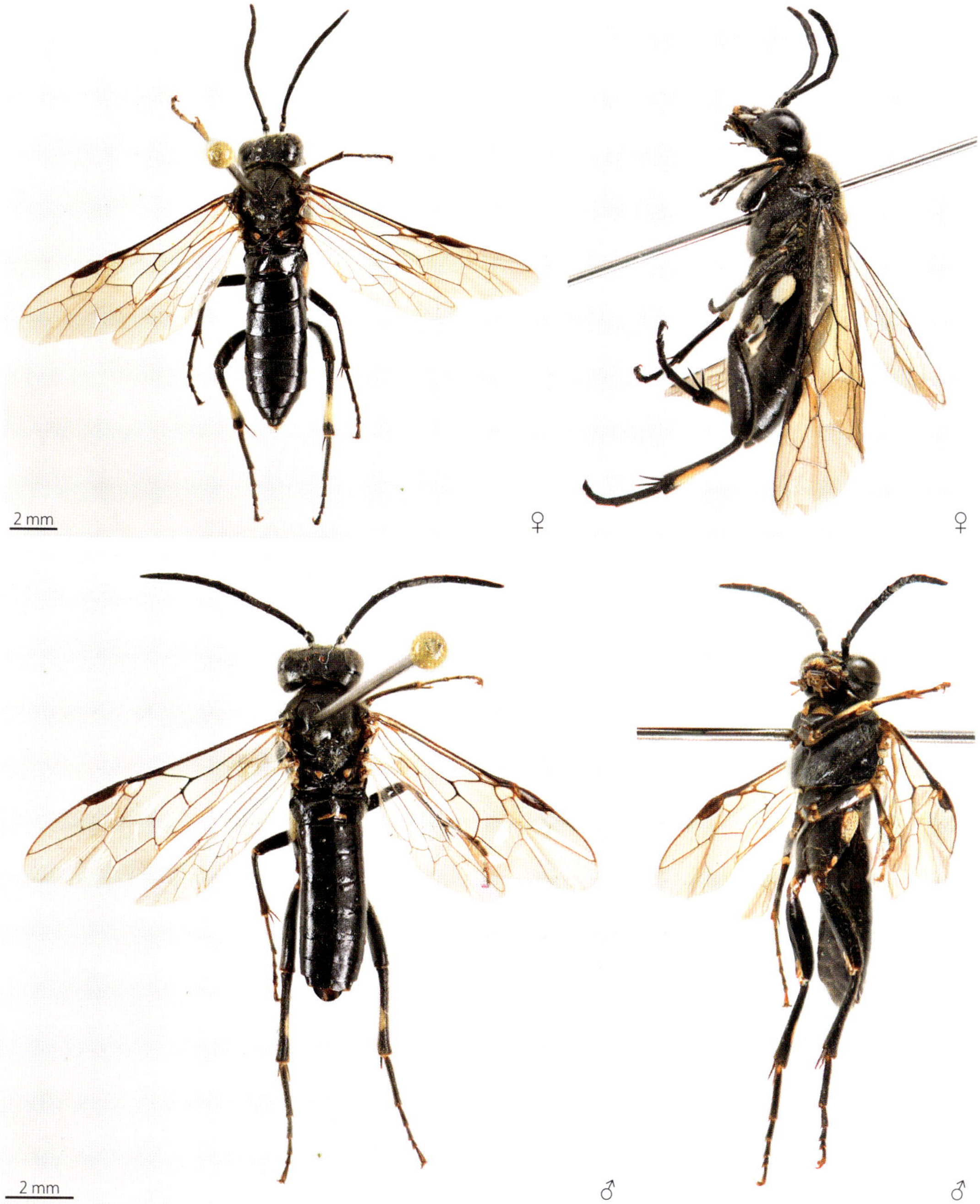

接骨木钩瓣叶蜂 ***Macrophya carbonaria*** **F. Smith, 1874**

黄斑钩瓣叶蜂（雌虫）

黄斑钩瓣叶蜂（雌虫）

黄斑钩瓣叶蜂 *Macrophya flavomaculata* (Cameron, 1876)

248 光额钩瓣叶蜂 *Macrophya glabrifrons* Li, Liu & Wei, 2017

分布： 中国浙江（天目山），湖北。

光额钩瓣叶蜂 *Macrophya glabrifrons* Li, Liu & Wei, 2017

249 何氏钩瓣叶蜂 *Macrophya hejunhuai* Li, Liu & Wei, 2019

分布：中国浙江（天目山）。

何氏钩瓣叶蜂 *Macrophya hejunhuai* Li, Liu & Wei, 2019

250 密纹钩瓣叶蜂 *Macrophya histrioides* Wei, 1998

分布： 中国浙江（天目山），陕西，山西，河南，湖北。

密纹钩瓣叶蜂（雌虫）

密纹钩瓣叶蜂（雌虫）

密纹钩瓣叶蜂（雌虫）

密纹钩瓣叶蜂 ***Macrophya histrioides*** **Wei, 1998**

251 浅碟钩瓣叶蜂 *Macrophya hyaloptera* Wei & Nie, 2003

分布： 中国浙江（天目山、乌岩岭），甘肃，陕西，河南，福建，江西，湖北，湖南，贵州，云南。

浅碟钩瓣叶蜂 *Macrophya hyaloptera* Wei & Nie, 2003

252 侧斑钩瓣叶蜂 *Macrophya latimaculana* Li, Dai & Wei, 2013

分布： 中国浙江（百山祖、凤阳山、乌岩岭），江西，贵州，福建。

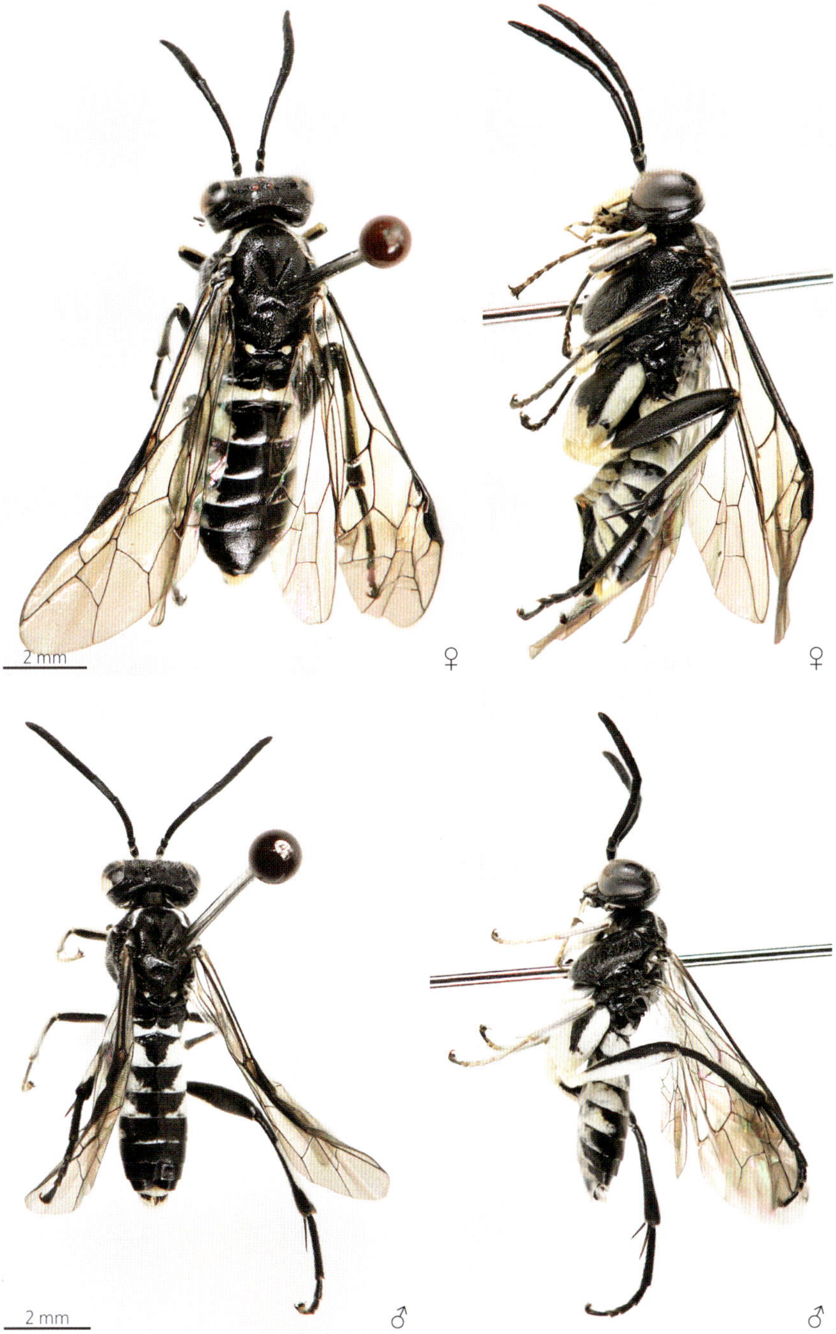

侧斑钩瓣叶蜂 *Macrophya latimaculana* Li, Dai & Wei, 2013

253 丽水钩瓣叶蜂 *Macrophya lishuii* Li, Liu & Wei, 2020

分布： 中国浙江（九龙山）。

丽水钩瓣叶蜂 *Macrophya lishuii* Li, Liu & Wei, 2020

254 玛氏钩瓣叶蜂 *Macrophya malaisei* Takeuchi, 1937

分布：中国浙江（天目山），安徽，湖北；日本。

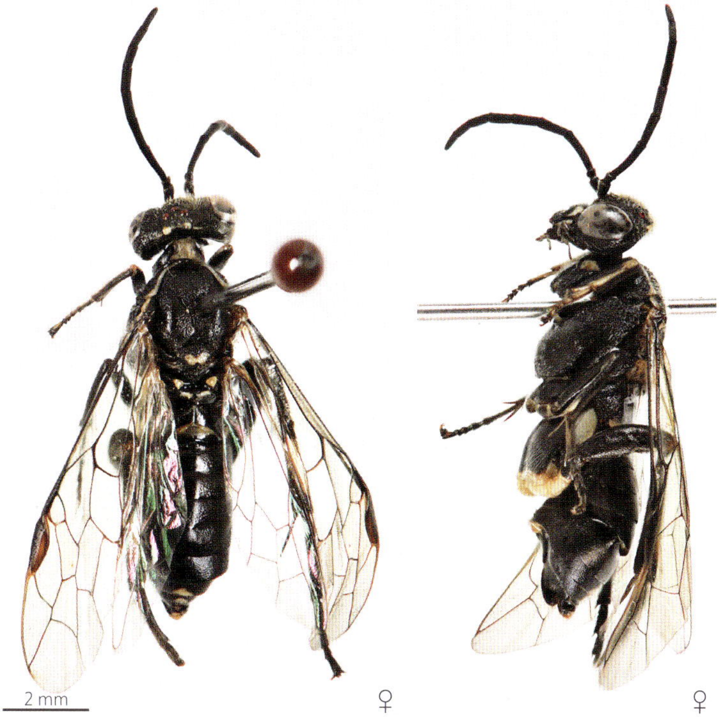

玛氏钩瓣叶蜂 *Macrophya malaisei* Takeuchi, 1937

255 小碟钩瓣叶蜂 *Macrophya minutifossa* Wei & Nie, 2003

分布： 中国浙江（天目山、百山祖、古田山、凤阳山），甘肃，四川，福建，江西，湖南，贵州，云南，广东，广西，台湾。

小碟钩瓣叶蜂 *Macrophya minutifossa* Wei & Nie, 2003

256 黑脊钩瓣叶蜂 *Macrophya nigrihistrio* Li, Liu & Wei, 2020

分布：中国浙江（天目山），湖北。

黑脊钩瓣叶蜂 *Macrophya nigrihistrio* Li, Liu & Wei, 2020

257 寡斑钩瓣叶蜂 *Macrophya oligomaculella* Wei & Zhu, 2009

分布：中国浙江（凤阳山、天目山、乌岩岭、百山祖），福建，湖南，江西，广西，四川。

寡斑钩瓣叶蜂 *Macrophya oligomaculella* Wei & Zhu, 2009

258 糙额钩瓣叶蜂 *Macrophya opacifrontalis* Li, Lei & Wei, 2014

分布：中国浙江（天目山），江苏，湖南，江西、贵州。

糙额钩瓣叶蜂 *Macrophya opacifrontalis* Li, Lei & Wei, 2014

259 副碟钩瓣叶蜂 *Macrophya paraminutifossa* Wei & Nie, 2003

分布：中国浙江（丽水市、天目山、凤阳山、百山祖），湖南，江西，福建，贵州，广东。

副碟钩瓣叶蜂 *Macrophya paraminutifossa* Wei & Nie, 2003

260 缨鞘钩瓣叶蜂 *Macrophya pilotheca* Wei & Ma, 1997

分布： 中国浙江（丽水市、百山祖、古田山、凤阳山、乌岩岭），安徽，福建，江西，湖南，广西。

寄主植物： 金边黄杨 *Euonymus japonicus* 'Aurea-marginatus'。

缨鞘钩瓣叶蜂（雌虫）

金边黄杨

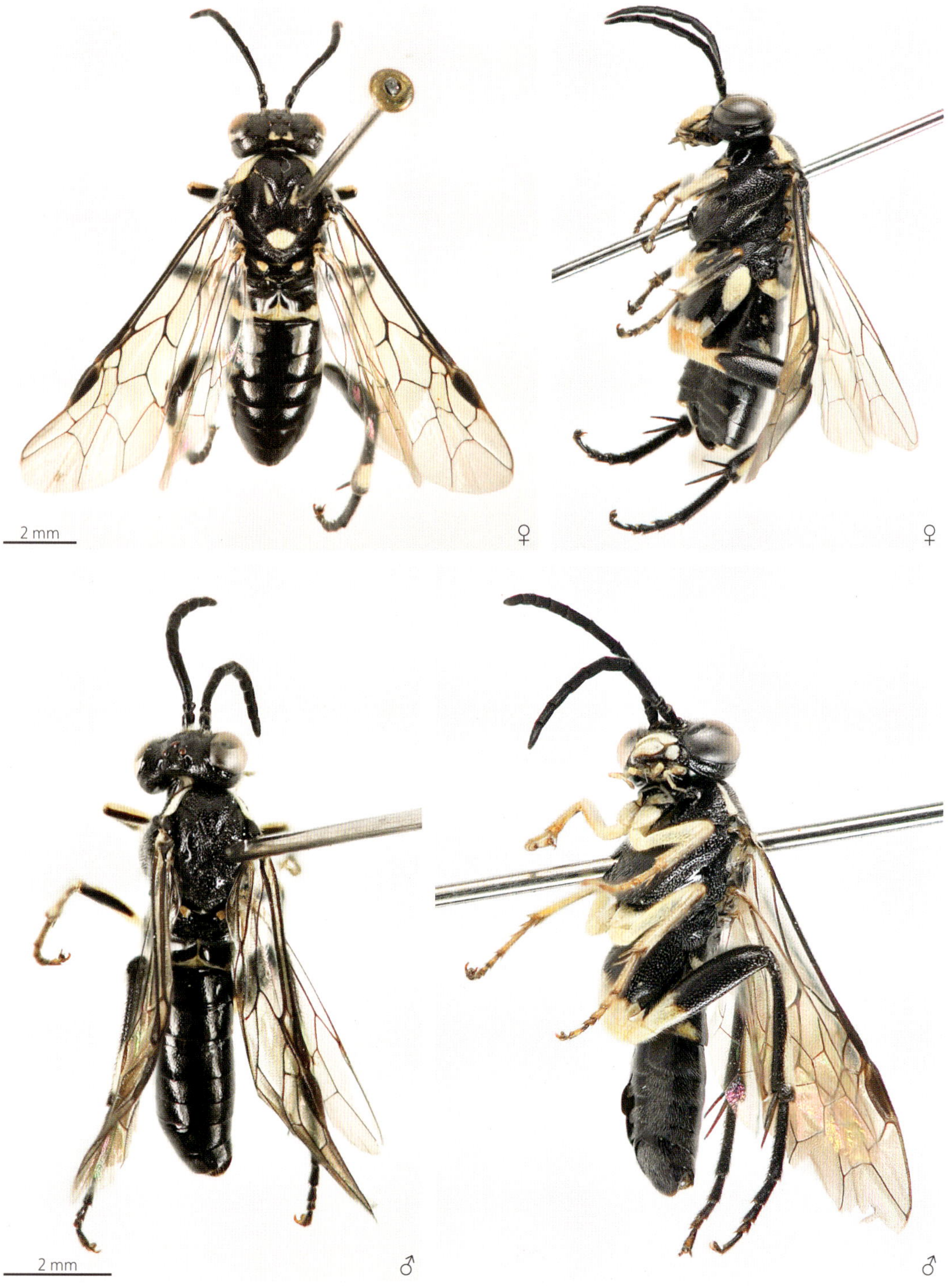

缨鞘钩瓣叶蜂 ***Macrophya pilotheca*** **Wei & Ma, 1997**

261 拟三斑钩瓣叶蜂 *Macrophya pseudotrimicralba* Liu, Li & Wei, 2023

分布： 中国浙江（天目山、凤阳山、百山祖），湖南，广西。

拟三斑钩瓣叶蜂 *Macrophya pseudotrimicralba* Liu, Li & Wei, 2023

262 庆元钩瓣叶蜂 *Macrophya qingyuanica* Li, Zhu & Wei, 2023

分布： 中国浙江（百山祖）。

庆元钩瓣叶蜂 *Macrophya qingyuanica* Li, Zhu & Wei, 2023

263 丽蓝钩瓣叶蜂 *Macrophya regia* Forsius, 1930

分布：中国浙江（天目山、凤阳山），湖北，湖南，福建，贵州，广西；印度，缅甸。

丽蓝钩瓣叶蜂 *Macrophya regia* Forsius, 1930

266 童氏钩瓣叶蜂 *Macrophya tongi* Wei & Ma, 1997

分布： 中国浙江（丽水市、天目山、百山祖、乌岩岭），陕西，安徽，湖南，江西，广西。

童氏钩瓣叶蜂 *Macrophya tongi* Wei & Ma, 1997

267 三斑钩瓣叶蜂 *Macrophya trimicralba* Wei, 2006

分布：中国浙江（天目山、凤阳山），湖南，贵州，广东，广西。

三斑钩瓣叶蜂 *Macrophya trimicralba* Wei, 2006

268 糙板钩瓣叶蜂 *Macrophya vittata* Mallach, 1936

分布： 中国浙江（天目山、龙王山），甘肃，陕西，河北，河南，湖北，湖南，四川，贵州；日本。

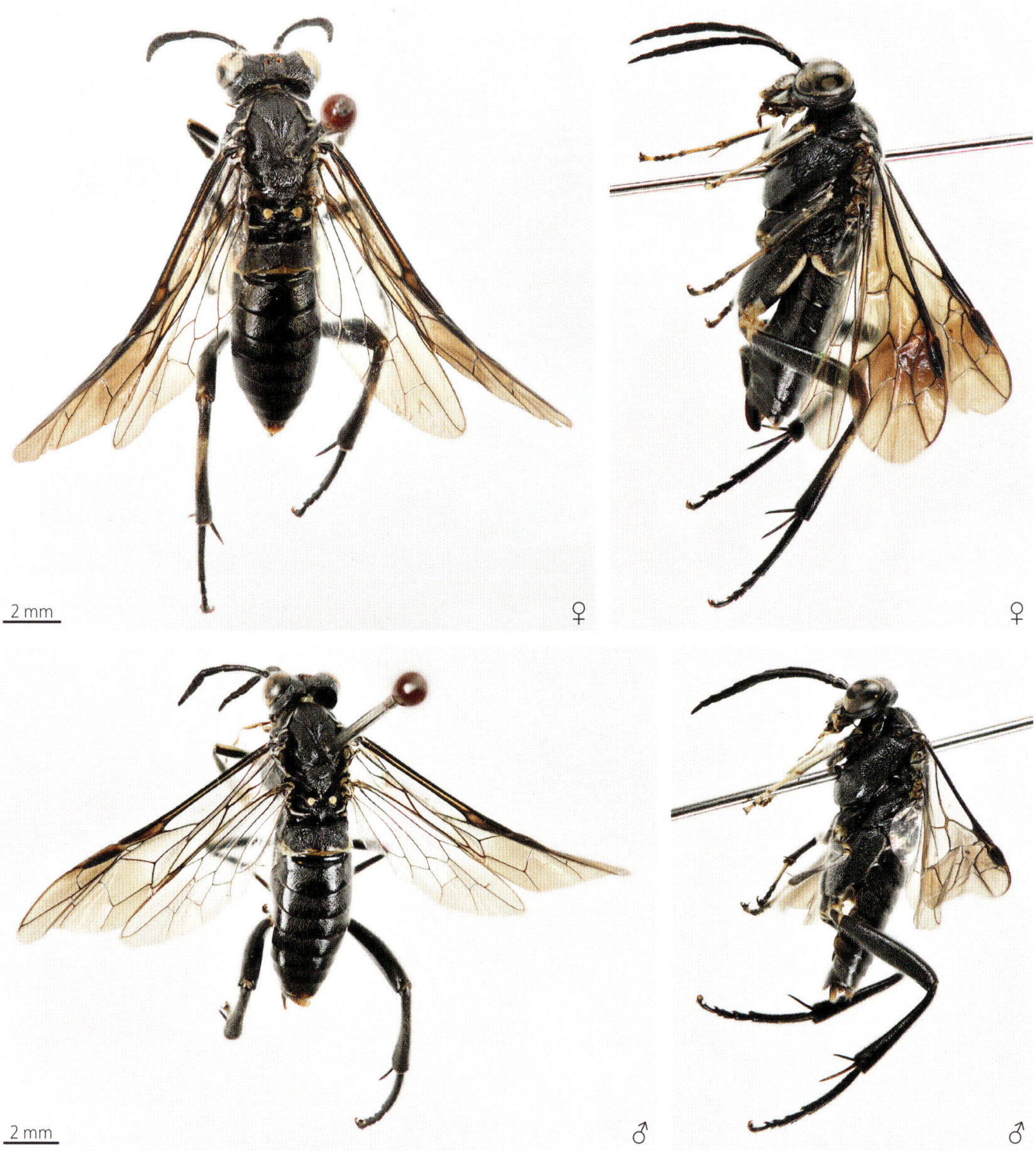

糙板钩瓣叶蜂 *Macrophya vittata* Mallach, 1936

269 宝石钩瓣叶蜂 *Macrophya xanthosoma* Wei, 2005

分布：中国浙江（百山祖），福建，贵州，湖南，江西，广西。

寄主植物：金边黄杨 *Euonymus japonicus* 'Aurea-marginatus'。

宝石钩瓣叶蜂 *Macrophya xanthosoma* Wei, 2005

270 肖蓝钩瓣叶蜂 *Macrophya xiaoi* Wei & Nie, 2003

分布： 中国浙江（龙王山），重庆，福建，湖北，湖南，广西。

肖蓝钩瓣叶蜂 *Macrophya xiaoi* Wei & Nie, 2003

271 赵氏钩瓣叶蜂 *Macrophya zhaoae* Wei, 1997

分布：中国浙江（天目山），湖北。

赵氏钩瓣叶蜂 *Macrophya zhaoae* Wei, 1997

272 朱氏钩瓣叶蜂 *Macrophya zhui* Li, Liu & Wei, 2016

分布：中国浙江（百山祖），湖南。

朱氏钩瓣叶蜂（雌虫）

朱氏钩瓣叶蜂 *Macrophya zhui* Li, Liu & Wei, 2016

273 绿丽金蓝叶蜂 *Metallopeus chlorometallicus* Wei, 1998

分布：中国浙江（凤阳山、百山祖），甘肃，山西，河南，湖北，四川。

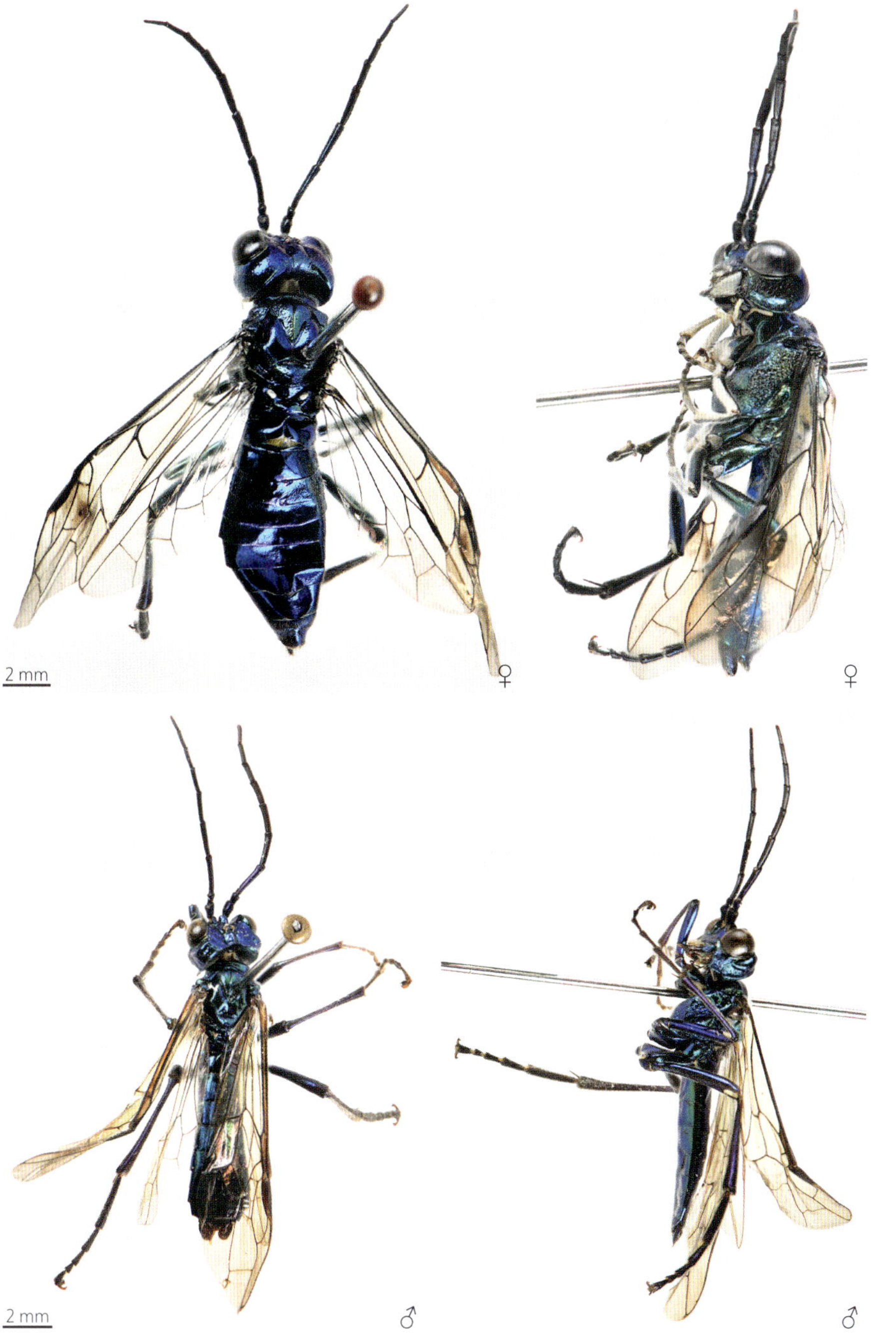

绿丽金蓝叶蜂 *Metallopeus chlorometallicus* Wei, 1998

274 中华新盔叶蜂 *Neocorymbas sinica* Wei & Ouyang, 1997

分布：中国浙江（丽水市、天目山、凤阳山、乌岩岭），陕西，安徽，湖北，福建，江西，湖南，四川，贵州。

中华新盔叶蜂 *Neocorymbas sinica* Wei & Ouyang, 1997

275 白环方颜叶蜂 *Pachyprotasis alboannulata* Forsius, 1935

分布：中国浙江（松阳县、遂昌县、天目山、百山祖、乌岩岭、凤阳山），河南，湖南，湖北，江西，甘肃，四川，云南；缅甸，印度。

白环方颜叶蜂（雌虫）

浙江天目山

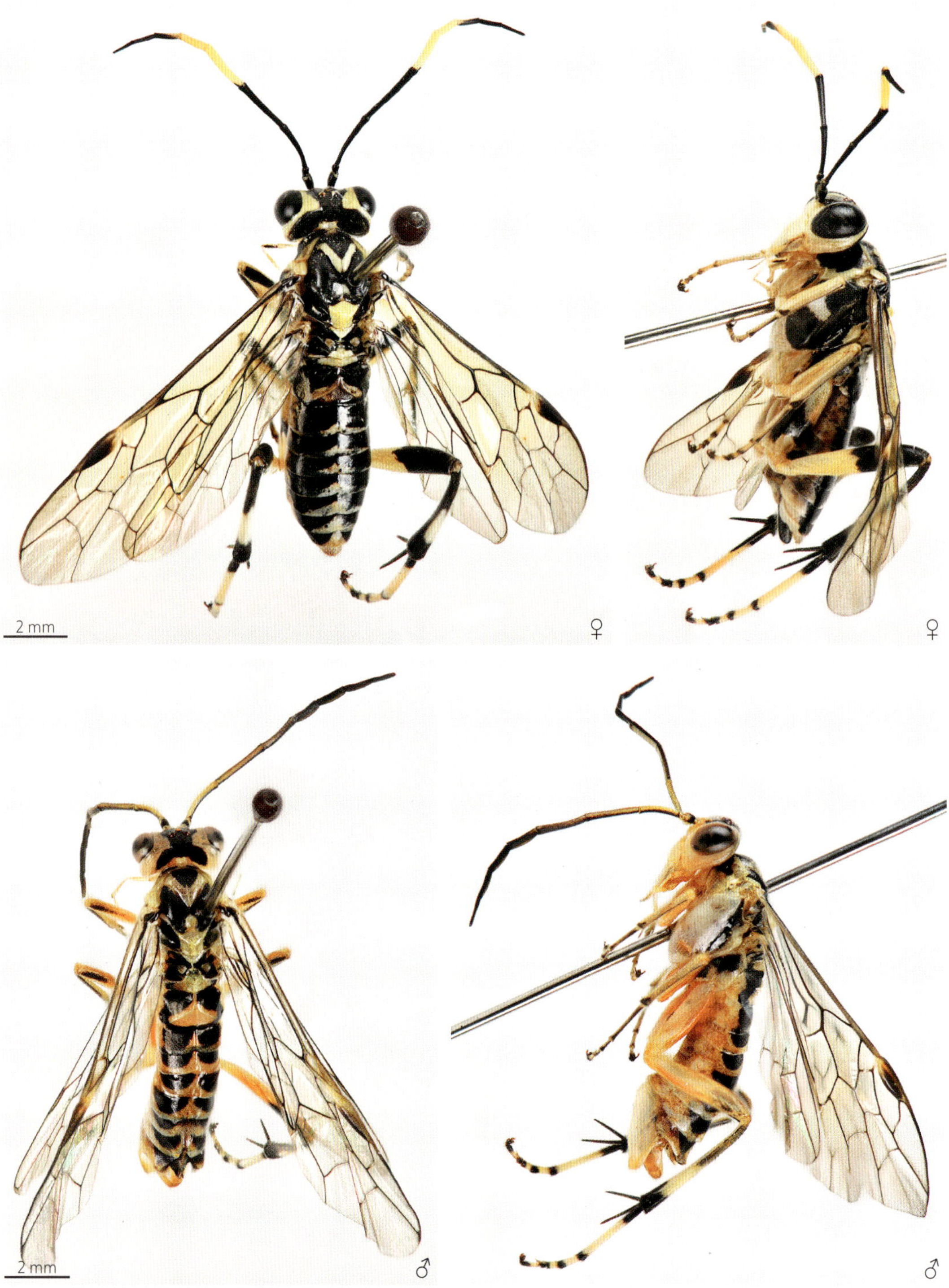

白环方颜叶蜂 ***Pachyprotasis alboannulata*** **Forsius, 1935**

276 多环方颜叶蜂 *Pachyprotasis antennata* (Klug, 1817)

分布： 中国浙江（丽水市），黑龙江，甘肃，青海，河北，河南，陕西，湖南；蒙古国，日本，俄罗斯（西伯利亚），欧洲。

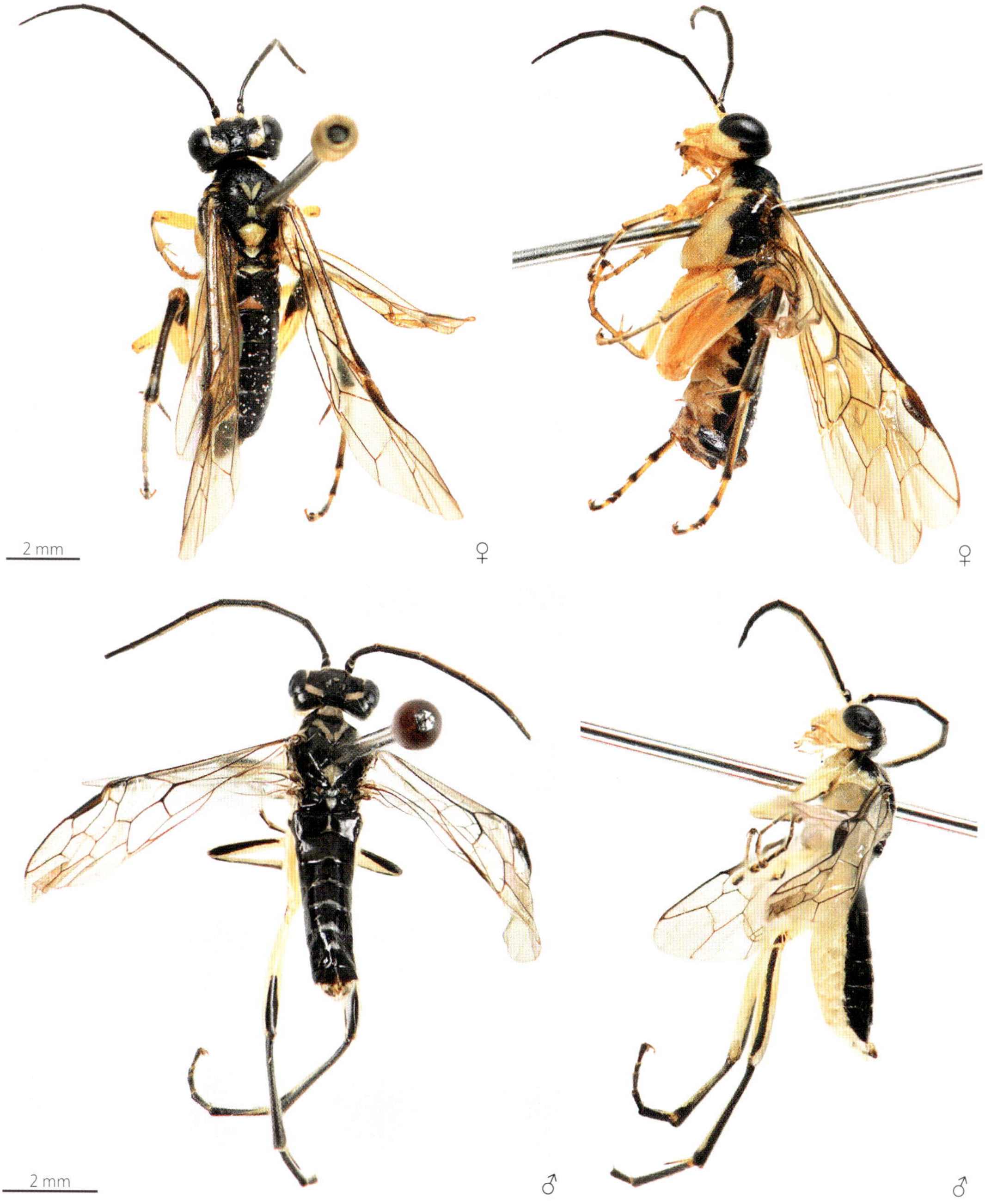

多环方颜叶蜂 *Pachyprotasis antennata* (Klug, 1817)

281 游离方颜叶蜂光额亚种 *Pachyprotasis erratica nitidifrons* Malaise, 1945

分布： 中国浙江（百山祖、莲都区），山西，陕西，福建，江西，四川。

游离方颜叶蜂光额亚种 *Pachyprotasis erratica nitidifrons* Malaise, 1945

282 商城方颜叶蜂 *Pachyprotasis eulongicornis* Wei & Nie, 1999

分布： 中国浙江（凤阳山、天目山），河南，湖北，安徽，湖南。

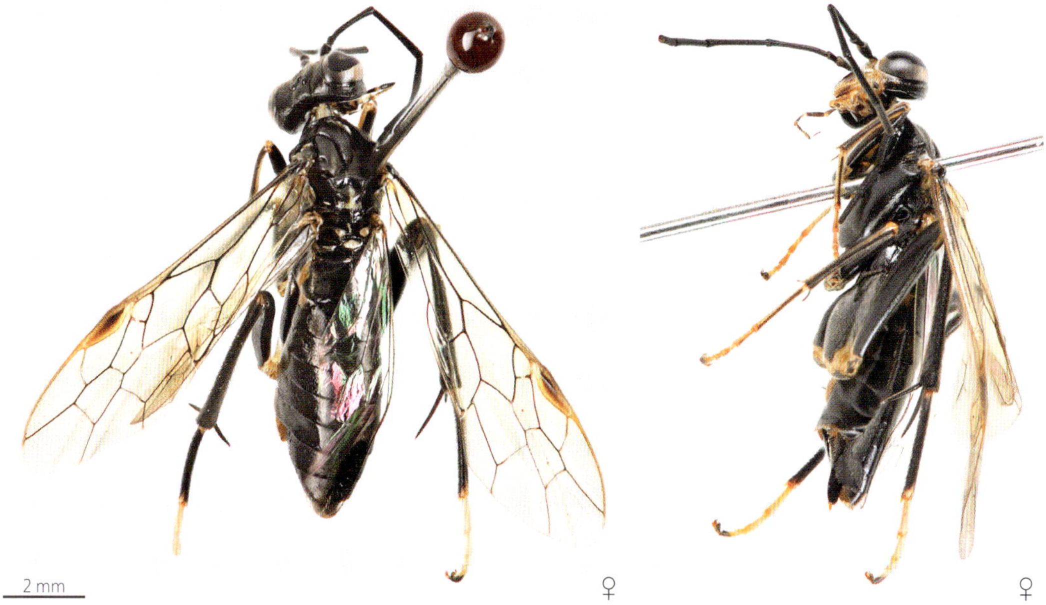

商城方颜叶蜂 *Pachyprotasis eulongicornis* Wei & Nie, 1999

283 脊盾方颜叶蜂 *Pachyprotasis gregalis* Malaise, 1945

分布： 中国浙江（百山祖、杭州市、丽水市），湖南，江西，广西；缅甸。

脊盾方颜叶蜂 *Pachyprotasis gregalis* Malaise, 1945

284 河南方颜叶蜂 *Pachyprotasis henanica* Wei & Zhong, 2002

分布：中国浙江（天目山），甘肃，河南，湖南，安徽，贵州。

河南方颜叶蜂 *Pachyprotasis henanica* Wei & Zhong, 2002

285 李氏方颜叶蜂 *Pachyprotasis lii* Wei & Nie, 1998

分布：中国浙江（临安区、松阳县、百山祖、凤阳山、乌岩岭），福建，湖南。

李氏方颜叶蜂 *Pachyprotasis lii* Wei & Nie, 1998

286 小条方颜叶蜂 *Pachyprotasis lineatella* Wei & Nie, 1999

分布：中国浙江（天目山、乌岩岭、百山祖、凤阳山），河北，河南，陕西，山西，湖北，湖南，江西，贵州。

小条方颜叶蜂 *Pachyprotasis lineatella* Wei & Nie, 1999

287 南岭方颜叶蜂 *Pachyprotasis nanlingia* Wei, 2006　江苏省新记录种

分布： 中国浙江（天目山、凤阳山、古田山、百山祖、乌岩岭），江苏，江西，湖南，福建，广西，贵州，重庆。

南岭方颜叶蜂（雌虫）

南岭方颜叶蜂 *Pachyprotasis nanlingia* Wei, 2006

288 黑胸方颜叶蜂 *Pachyprotasis nigrosternitis* Wei & Nie, 1998

分布： 中国浙江（天目山、安吉县），福建，湖南。

黑胸方颜叶蜂 *Pachyprotasis nigrosternitis* Wei & Nie, 1998

289 永州方颜叶蜂 *Pachyprotasis parawui* Zhong, Li & Wei, 2020

分布：中国浙江（天目山、凤阳山），福建。

永州方颜叶蜂 *Pachyprotasis parawui* Zhong, Li & Wei, 2020

290 习水方颜叶蜂 *Pachyprotasis paramelanogastera* Wei, 2005

分布：中国浙江（天目山），宁夏，贵州，云南。

习水方颜叶蜂 *Pachyprotasis paramelanogastera* Wei, 2005

291 显刻方颜叶蜂 *Pachyprotasis puncturalina* Zhong, Li & Wei, 2018

分布： 中国浙江（天目山、凤阳山、百山祖），湖南，江西，广东。

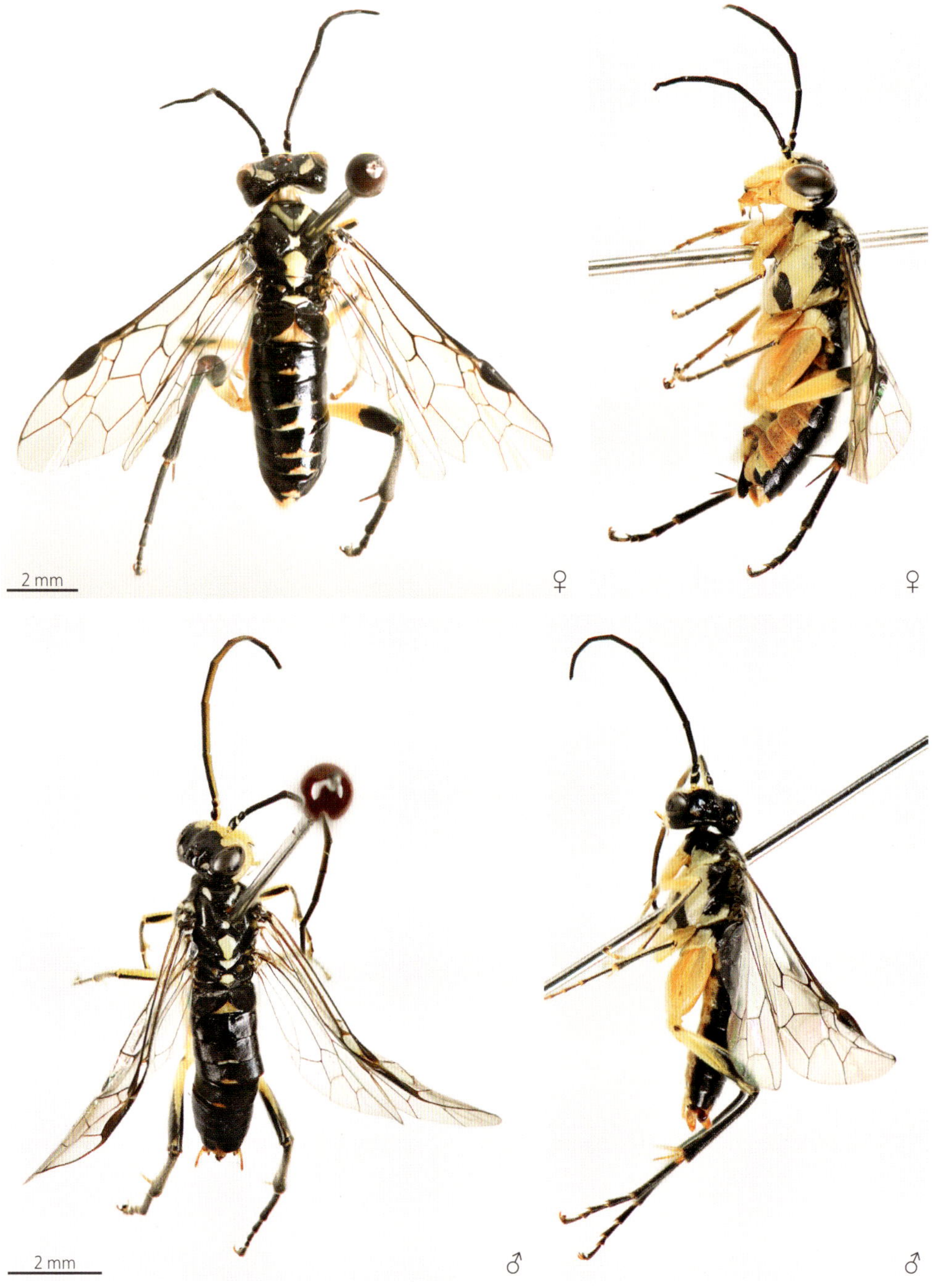

显刻方颜叶蜂 *Pachyprotasis puncturalina* Zhong, Li & Wei, 2018

292 红褐方颜叶蜂 *Pachyprotasis rufinigripes* Wei & Nie, 1998

分布：中国浙江（安吉、天目山、凤阳山、乌岩岭），湖南。

红褐方颜叶蜂 *Pachyprotasis rufinigripes* Wei & Nie, 1998

293 红股方颜叶蜂 *Pachyprotasis rufofemorata* Zhong, Li & Wei, 2020

分布：中国浙江（天目山），湖南。

红股方颜叶蜂 *Pachyprotasis rufofemorata* Zhong, Li & Wei, 2020

294 骨刃方颜叶蜂 *Pachyprotasis scleroserrula* Wei & Zhong, 2007

分布：中国浙江（天目山），河南。

骨刃方颜叶蜂 *Pachyprotasis scleroserrula* Wei & Zhong, 2007

297 陕西方颜叶蜂 *Pachyprotasis shaanxiensis* Zhu & Wei, 2008

分布： 中国浙江（天目山、凤阳山），陕西。

陕西方颜叶蜂 *Pachyprotasis shaanxiensis* Zhu & Wei, 2008

298 似摹方颜叶峰 *Pachyprotasis simulans* (Klug, 1817)

分布：中国浙江（天目山），黑龙江，吉林，辽宁，陕西；蒙古国，俄罗斯（西伯利亚、萨哈林岛），欧洲。

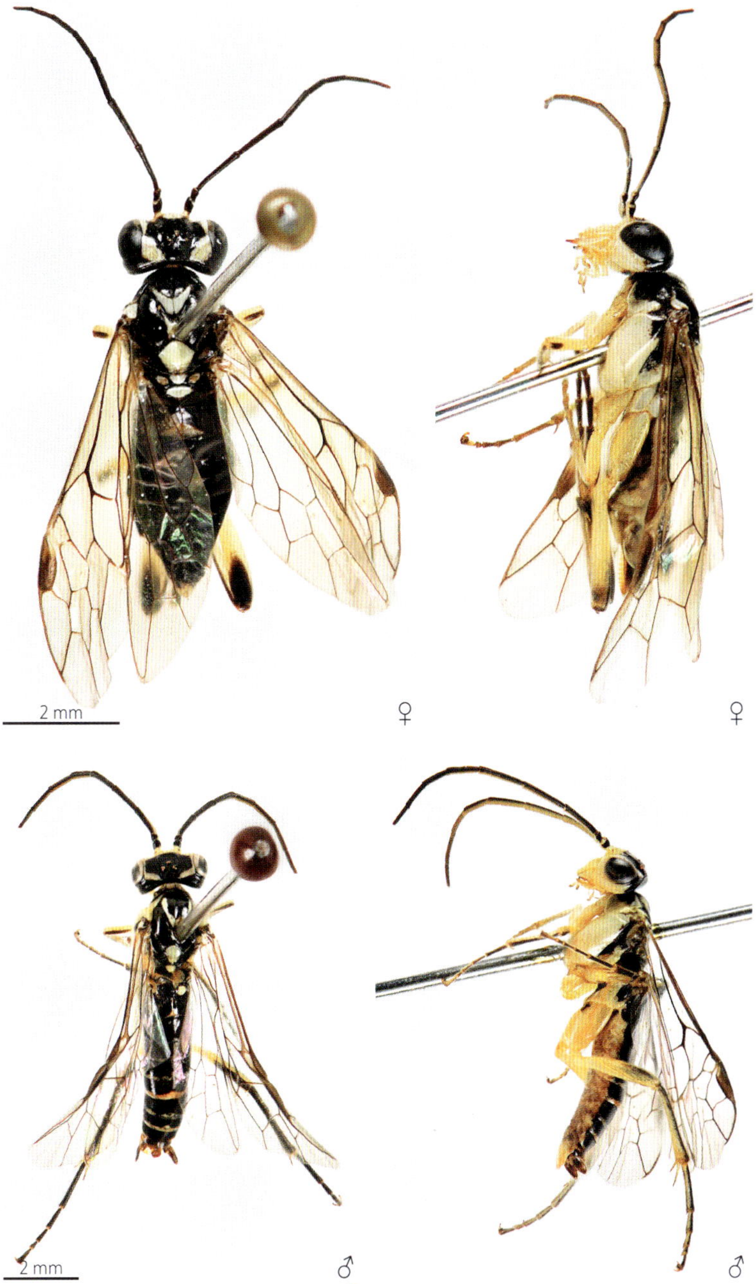

似摹方颜叶峰 *Pachyprotasis simulans* (Klug, 1817)

299 嵩栾方颜叶蜂 *Pachyprotasis songluanensis* Wei & Zhong, 2002

分布： 中国浙江（天目山），河南，江西，四川。

浙江天目山

嵩栾方颜叶蜂 *Pachyprotasis songluanensis* Wei & Zhong, 2002

300 锥角方颜叶蜂 *Pachyprotasis sublicornis* Malaise, 1945

分布： 中国浙江（天目山、古田山、乌岩岭），安徽，福建，河南，陕西，湖北，湖南，江西，贵州，广东，广西，云南，四川；缅甸，印度。

锥角方颜叶蜂 *Pachyprotasis sublicornis* Malaise, 1945

301 田氏方颜叶蜂 *Pachyprotasis tiani* Wei, 1998

分布：中国浙江（天目山、百山祖），河北，河南，甘肃，陕西，广东。

田氏方颜叶蜂 *Pachyprotasis tiani* Wei, 1998

302 吴氏方颜叶蜂 *Pachyprotasis wui* Wei & Nie, 1998

分布：中国浙江（天目山、凤阳山、丽水市、古田山），福建，湖南，江西，陕西。

浙江凤阳山

吴氏方颜叶蜂（雌虫）

吴氏方颜叶蜂 ***Pachyprotasis wui*** **Wei & Nie, 1998**

303 黄跗方颜叶蜂 *Pachyprotasis xanthotarsalis* Wei & Nie, 2003

分布：中国浙江（天目山、凤阳山），江西，福建，安徽，湖南，贵州。

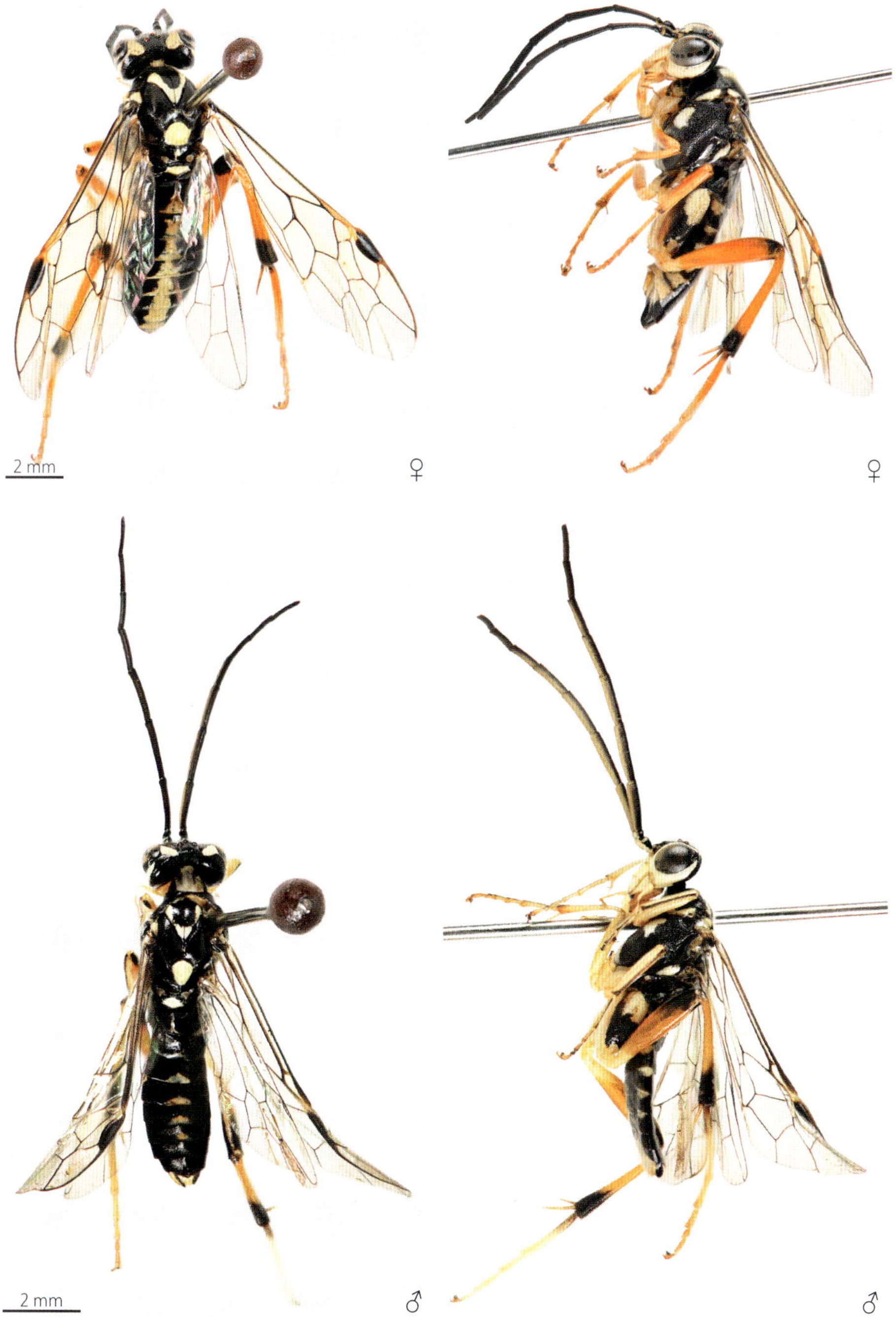

黄跗方颜叶蜂 *Pachyprotasis xanthotarsalis* Wei & Nie, 2003

304 肖氏方颜叶蜂 *Pachyprotasis xiaoi* Wei, 2006

分布： 中国浙江（临安），湖南，广西，贵州。

肖氏方颜叶蜂 *Pachyprotasis xiaoi* Wei, 2006

305 黄翅狭并叶蜂 *Propodea spinosa* (Cameron, 1899)

分布： 中国浙江（龙王山），湖南，广西，四川，云南，贵州；印度，缅甸，尼泊尔。

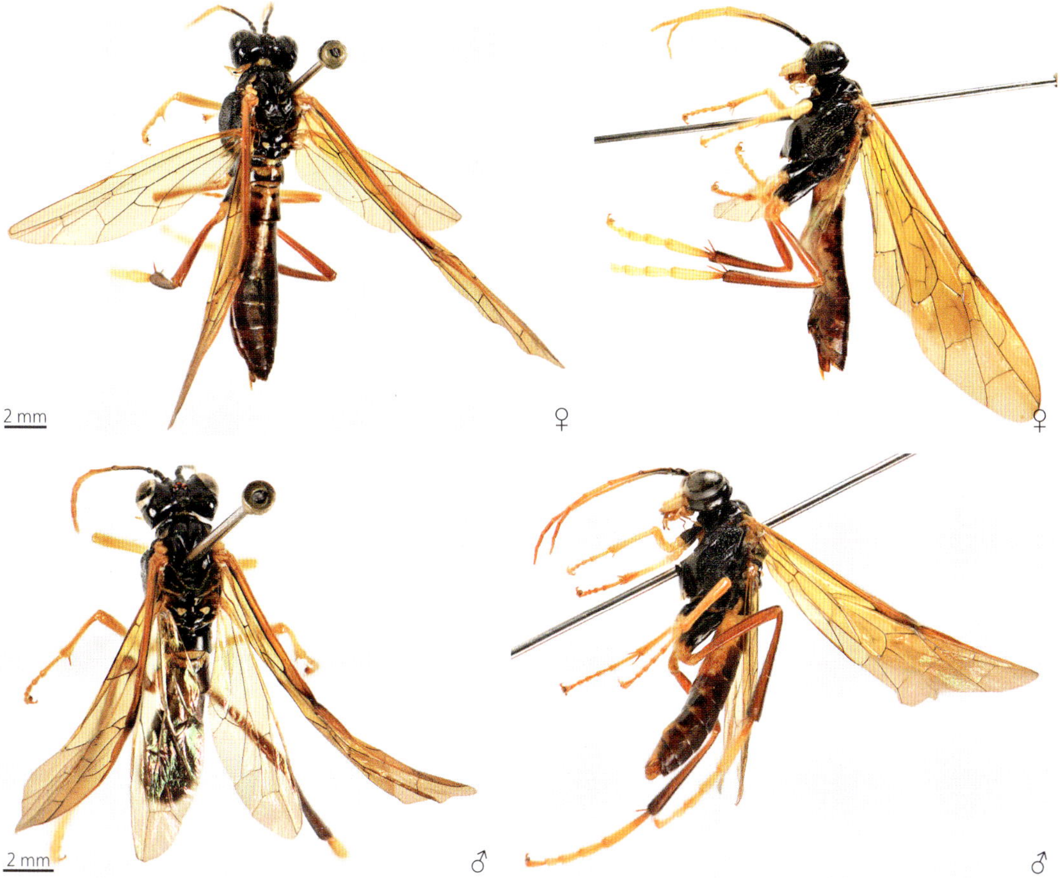

黄翅狭并叶蜂 *Propodea spinosa* (Cameron, 1899)

大黄侧跗叶蜂 ***Siobla maxima*** **Turner, 1920**

308 刺胸侧跗叶蜂 *Siobla spinola* Wei, 2006

分布： 中国浙江（凤阳山），贵州，河南。

刺胸侧跗叶蜂 *Siobla spinola* Wei, 2006

309 三斑侧跗叶蜂 *Siobla trimaculata* Niu & Wei, 2010

分布： 中国浙江（凤阳山），陕西，湖南，广西。

浙江凤阳山

三斑侧跗叶蜂（雄虫）

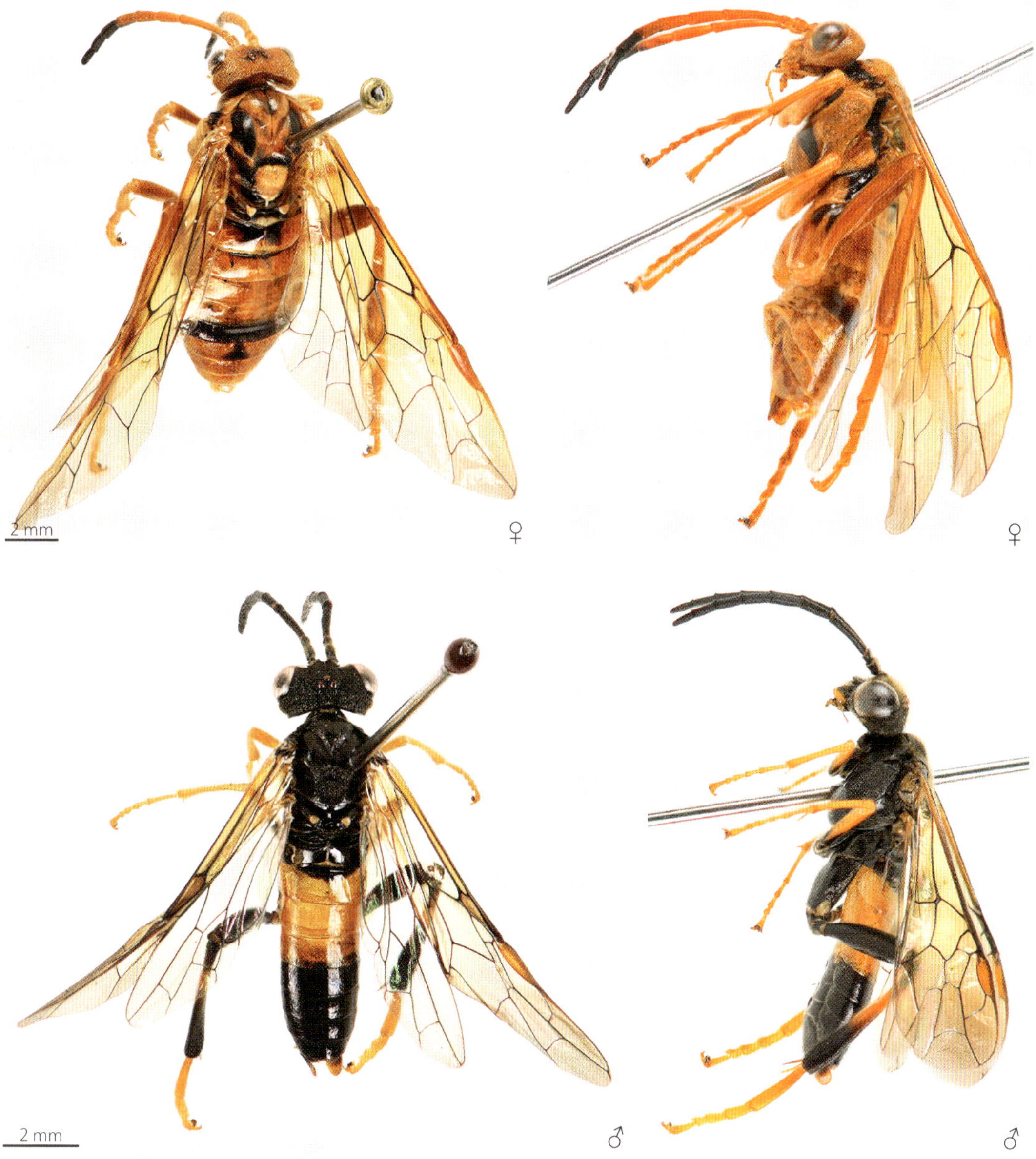

三斑侧跗叶蜂 *Siobla trimaculata* Niu & Wei, 2010

310 杨氏侧跗叶蜂 *Siobla yangi* Niu & Wei, 2024

分布： 中国浙江（天目山、清凉峰、凤阳山），安徽。

杨氏侧跗叶蜂（雄虫）

杨氏侧跗叶蜂（雄虫）

杨氏侧跗叶蜂 ***Siobla yangi*** **Niu & Wei, 2024**

311 张氏侧跗叶蜂 *Siobla zhangi* Wei, 2005

分布：中国浙江（天目山、百山祖），湖南，贵州。

张氏侧跗叶蜂（雌虫）

浙江百山祖

张氏侧跗叶蜂 ***Siobla zhangi*** **Wei, 2005**

312 白鳞横斑叶蜂 *Tenthredo albotegularina* Wei & Nie, 2003

分布：中国浙江（天目山），福建，贵州。

白鳞横斑叶蜂 *Tenthredo albotegularina* Wei & Nie, 2003

313 近眼短角叶蜂 *Tenthredo babai* Takeuchi, 1936

分布：中国浙江（天目山），黑龙江，吉林，辽宁，河北；俄罗斯。

近眼短角叶蜂 *Tenthredo babai* Takeuchi, 1936

314 突刃平斑叶蜂 *Tenthredo baishanzua* Wei & Niu, 2024

分布：中国浙江（百山祖）。

突刃平斑叶蜂 *Tenthredo baishanzua* Wei & Niu, 2024

315 钩瓣平斑叶蜂 *Tenthredo becquarti* (Takeuchi, 1940)

分布： 中国浙江（天目山），河南，安徽，湖北，福建，湖南。

钩瓣平斑叶蜂 *Tenthredo becquarti* (Takeuchi, 1940)

316 双点光柄叶蜂 *Tenthredo biminutidota* Liu & Wei, 2016

分布：中国浙江（清凉峰），陕西，湖南，四川，贵州。

双点光柄叶蜂 *Tenthredo biminutidota* Liu & Wei, 2016

317 斜脊亚黄叶蜂 *Tenthredo carinacestanella* Liu, Li & Wei, 2021

分布： 中国浙江（天目山、清凉峰），湖南。

斜脊亚黄叶蜂（雌雄交配）

浙江天目山

斜脊亚黄叶蜂 ***Tenthredo carinacestanella*** **Liu, Li & Wei, 2021**

318 程氏大黄叶蜂 *Tenthredo chenghanhuai* Wei, 2002

分布：中国浙江（凤阳山），河南，重庆，湖北，四川，湖南，贵州。

注：《浙江凤阳山昆虫》记录种类。

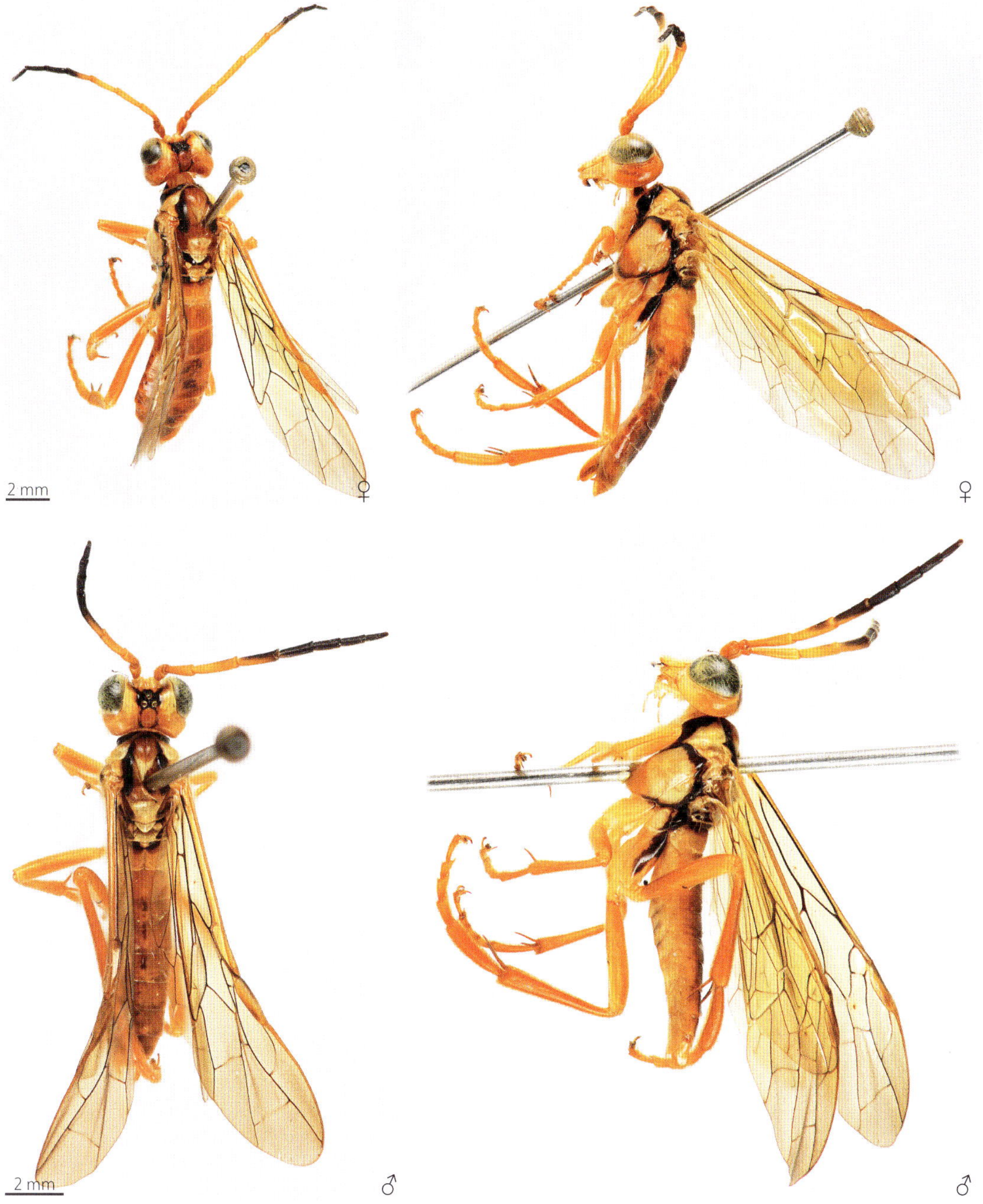

程氏大黄叶蜂 *Tenthredo chenghanhuai* Wei, 2002

319 锚附平斑叶蜂 *Tenthredo concaviappendix* Wei, 1999

分布：中国浙江（天目山、九龙山），河南，湖北，湖南，广西。

锚附平斑叶蜂 *Tenthredo concaviappendix* Wei, 1999

320 直脉槌腹叶蜂 *Tenthredo erectonervula* Wei & Nie, 2003

分布：中国浙江（凤阳山、天目山、百山祖、乌岩岭），福建，江西，湖南，广西，贵州，广东。

直脉槌腹叶蜂 *Tenthredo erectonervula* Wei & Nie, 2003

321 斑腹平斑叶蜂 *Tenthredo elegans* (Mocsáry, 1909)

分布： 中国浙江（凤阳山、百山祖、九龙山），福建，湖南，四川，云南，广东，广西；越南，缅甸。

浙江九龙山

斑腹平斑叶蜂（雄虫）

斑腹平斑叶蜂 ***Tenthredo elegans*** **(Mocsáry, 1909)**

322 细腰横斑叶蜂 *Tenthredo emphytiformis* Malaise, 1931

分布：中国浙江（天目山），吉林，辽宁，山西，河北，四川，江西；日本，俄罗斯（东西伯利亚）。

细腰横斑叶蜂 *Tenthredo emphytiformis* Malaise, 1931

323 多环短角叶蜂 *Tenthredo finschi* Kirby, 1882

分布：中国浙江（天目山、清凉峰、凤阳山），黑龙江，吉林，辽宁，内蒙古，青海，甘肃，河北，山西，陕西，湖北，福建，四川；俄罗斯（西伯利亚），朝鲜，日本。

多环短角叶蜂 *Tenthredo finschi* Kirby, 1882

324 双环斑翅叶蜂 *Tenthredo flavobalteata* Cameron, 1876

分布：中国浙江（天目山、百山祖、凤阳山、九龙山、乌岩岭），河南，上海，福建，湖北，湖南，江西，重庆，四川，贵州，香港。

双环斑翅叶蜂 *Tenthredo flavobalteata* Cameron, 1876

325 平盾平柄叶蜂 *Tenthredo flatoscutellerila* Wei & Nie, 2003

分布：中国浙江（天目山、百山祖），福建，湖南，江西。

平盾平柄叶蜂 *Tenthredo flatoscutellerila* Wei & Nie, 2003

328 黄氏平斑叶蜂 *Tenthredo huangbkii* Wei & Nie, 2003

分布：中国浙江（天目山），福建。

黄氏平斑叶蜂 *Tenthredo huangbkii* Wei & Nie, 2003

329 环角斑黄叶蜂 *Tenthredo indigena* Malaise, 1945

分布：中国浙江（松阳县、天目山、庆元县），河南，湖北，四川。

环角斑黄叶蜂 *Tenthredo indigena* Malaise, 1945

332 光额短角叶蜂 *Tenthredo kongauana* Rohwer, 1925

分布：中国浙江（天目山），吉林，辽宁，河北；俄罗斯（东西伯利亚），韩国。

光额短角叶蜂 *Tenthredo kongauana* Rohwer, 1925

333 白转横斑叶蜂 *Tenthredo leucotrochanteratina* Wei & Nie, 2002

分布：中国浙江（百山祖），福建，贵州，陕西。

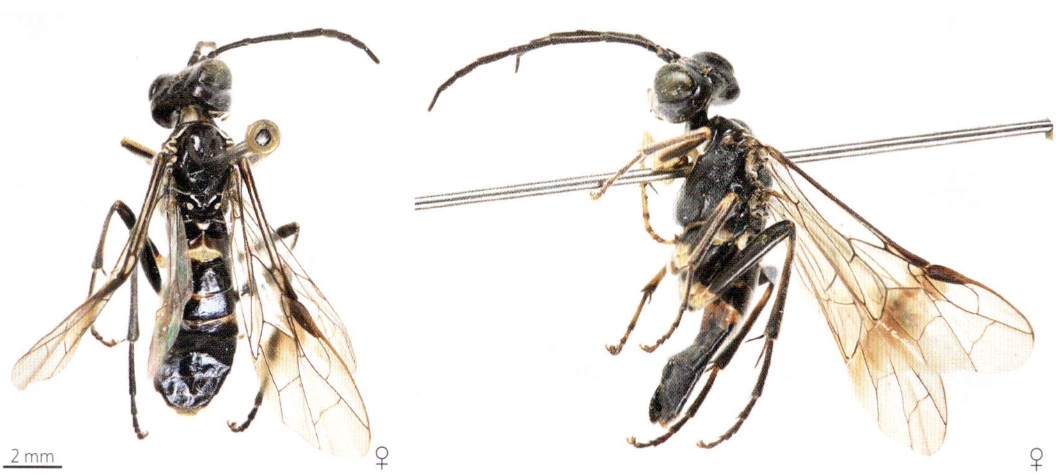

白转横斑叶蜂 *Tenthredo leucotrochanteratina* Wei & Nie, 2002

334 林氏槌腹叶蜂 *Tenthredo lini* Wei & Nie, 2003

分布：中国浙江（九龙山、凤阳山、丽水市、百山祖、乌岩岭），福建，江西，湖南，贵州，广东，广西。

浙江峰源

林氏槌腹叶蜂（雌虫）

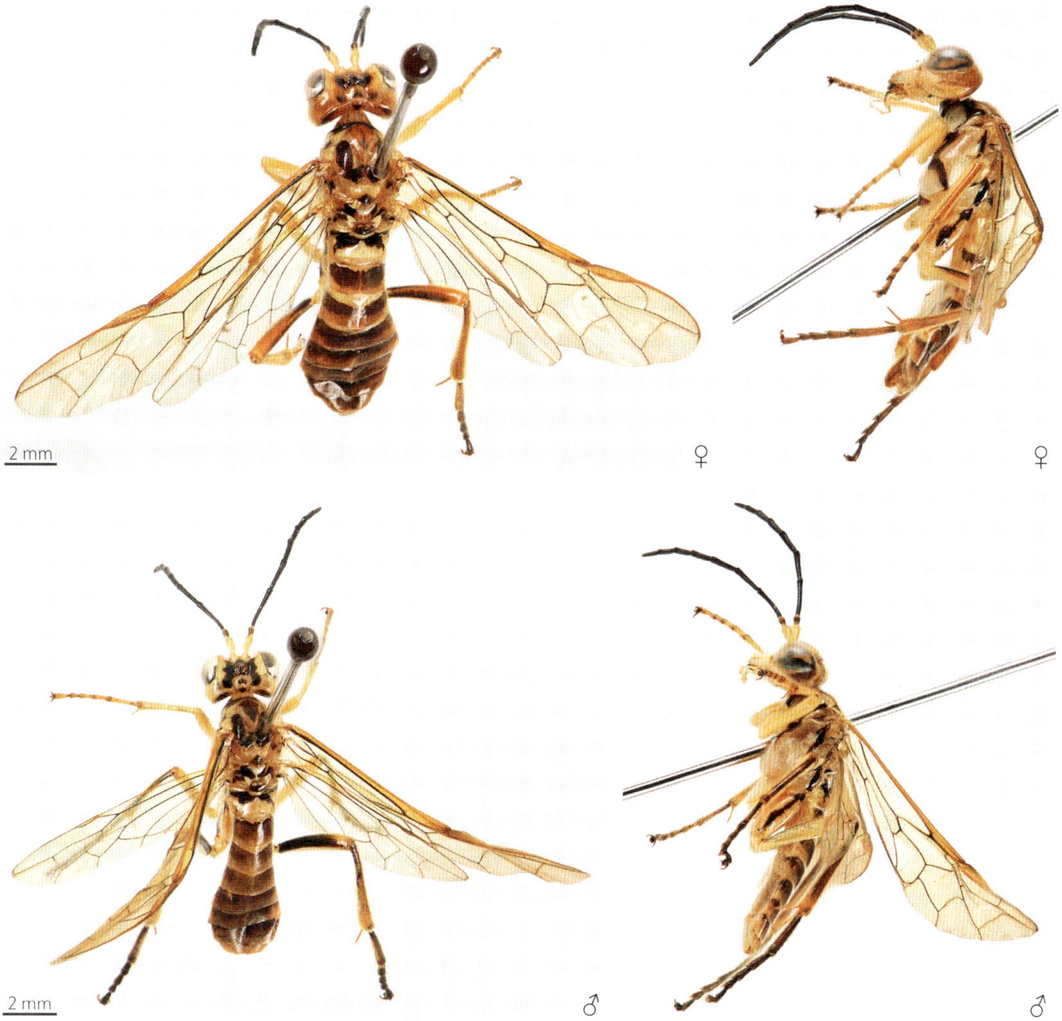

林氏槌腹叶蜂 *Tenthredo lini* Wei & Nie, 2003

335 纵脊突柄叶蜂 *Tenthredo longitudicarina* Wei, 2006

分布：中国浙江（凤阳山），贵州。

注：《浙江凤阳山昆虫》记录种类。

纵脊突柄叶蜂 *Tenthredo longitudicarina* Wei, 2006

336 长刃槌腹叶蜂 *Tenthredo longiserrula* Wei, 2002

分布： 中国浙江（丽水市、金华市、天目山、百山祖、凤阳山），河南，安徽，湖北，江西，湖南，广西。

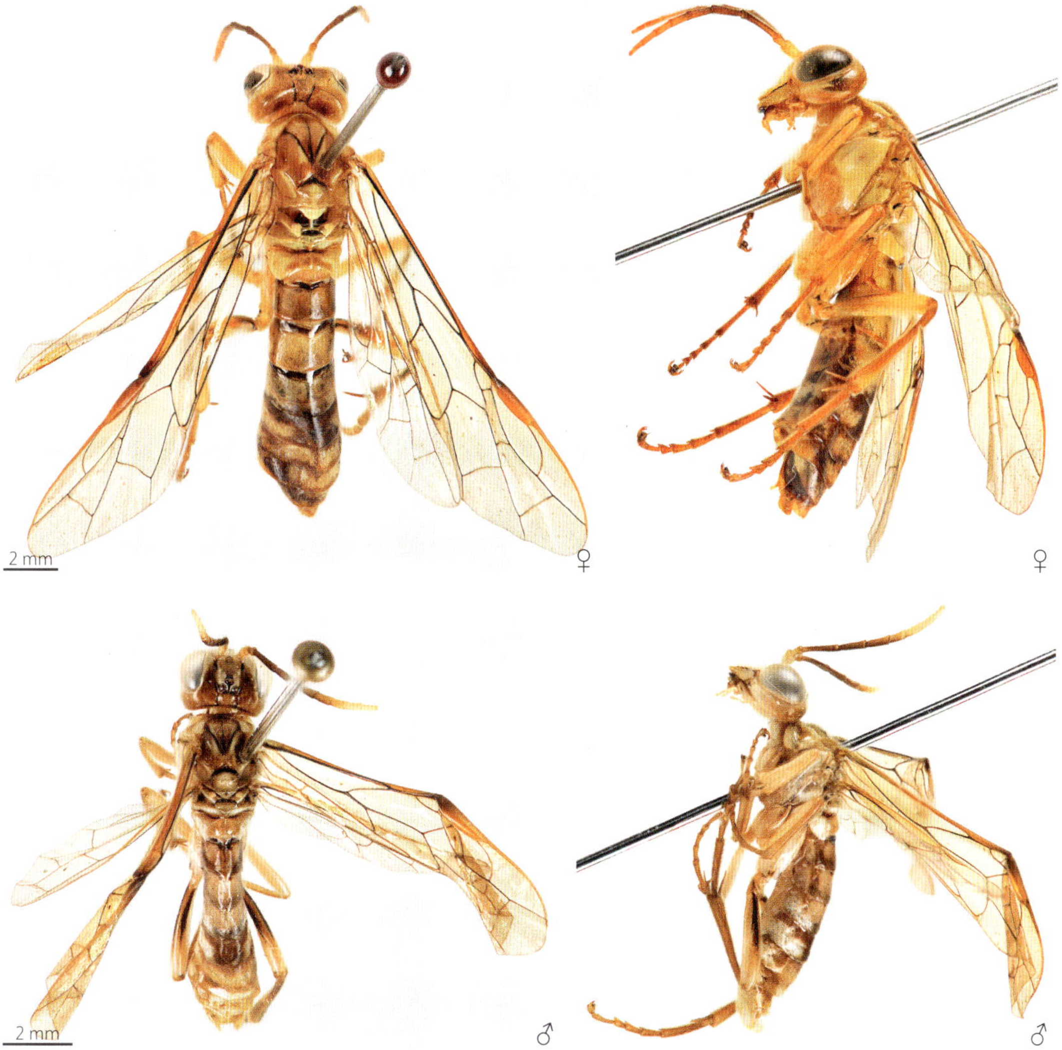

长刃槌腹叶蜂 *Tenthredo longiserrula* Wei, 2002

337 龙泉棒角叶蜂 *Tenthredo longquan* Wei & Niu, 2024

分布：中国浙江（凤阳山）。

龙泉棒角叶蜂 *Tenthredo longquan* Wei & Niu, 2024

338 龙王横斑叶蜂 *Tenthredo longwang* Wei & Niu, 2024

分布： 中国浙江（龙王山、天目山）。

龙王横斑叶蜂 *Tenthredo longwang* Wei & Niu, 2024

339 吕氏棒角叶蜂 *Tenthredo lui* Wei, 2005

分布：中国浙江（天目山、百山祖），陕西，湖北，贵州。

吕氏棒角叶蜂 *Tenthredo lui* Wei, 2005

340 凹盾大黄叶蜂 *Tenthredo maculicula* Wei, 2005

分布： 中国浙江（天目山、松阳县、九龙山），湖南，四川，贵州。

注:《浙江凤阳山昆虫》记录种类。

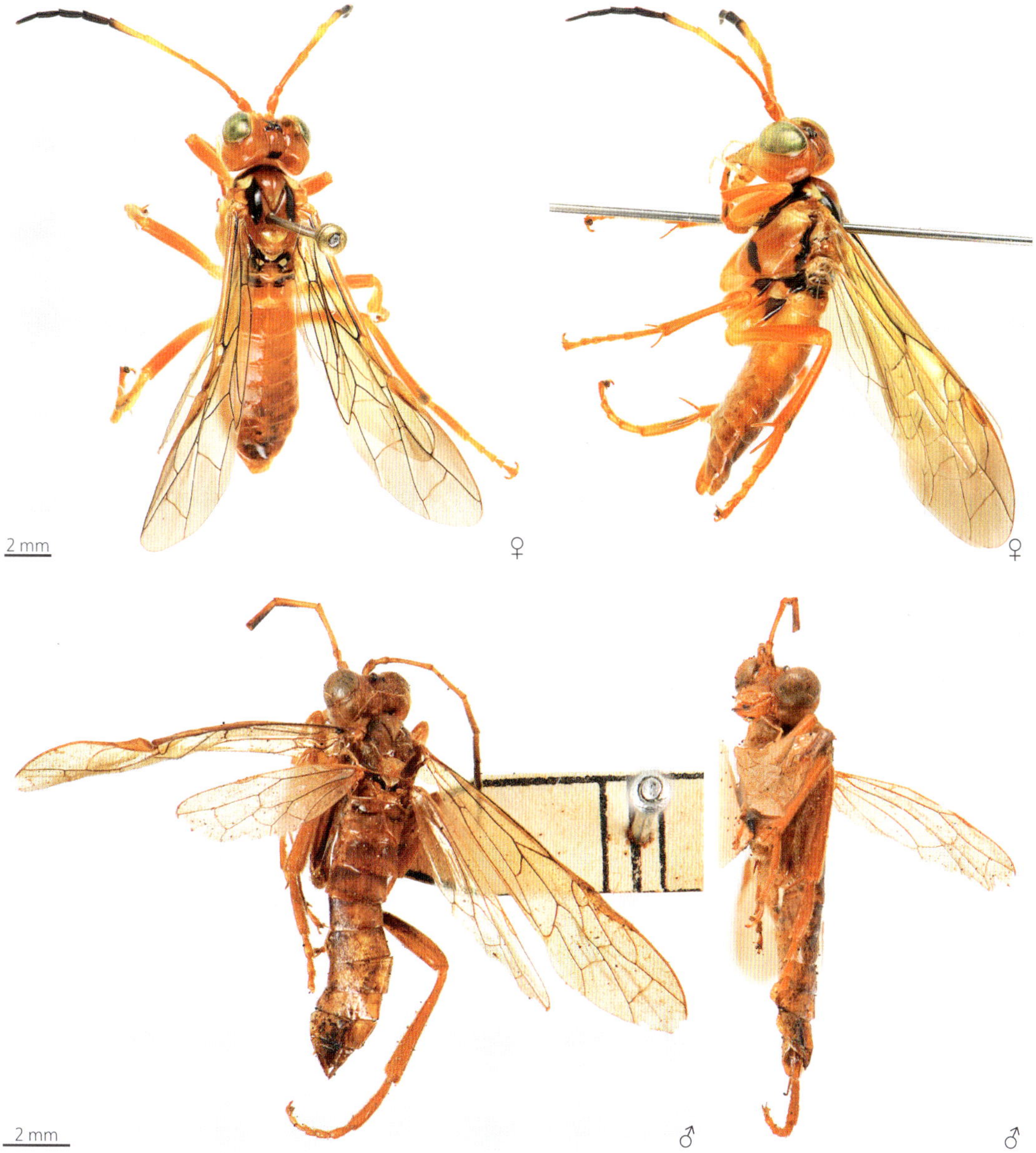

凹盾大黄叶蜂 *Tenthredo maculicula* Wei, 2005

341 分附顺角叶蜂 *Tenthredo malimilova* Wei, 2005

分布：中国浙江（凤阳山、古田山、百山祖、乌岩岭），福建，湖南，贵州，广东，广西，海南；越南。

分附顺角叶蜂 *Tenthredo malimilova* Wei, 2005

342 宽斑环角叶蜂 *Tenthredo margretella* (Rohwer, 1916)

分布： 中国浙江（庆元县、凤阳山、松阳县、天目山、乌岩岭），安徽，河南，台湾，福建，江西，湖南，重庆，四川，贵州，广西；印度，缅甸。

宽斑环角叶蜂 *Tenthredo margretella* (Rohwer, 1916)

343 大槌腹叶蜂 *Tenthredo megasomata* Wei & Niu, 2024

分布：中国浙江（凤阳山、百山祖）。

大槌腹叶蜂 *Tenthredo megasomata* Wei & Niu, 2024

344 变色平斑叶蜂 *Tenthredo melanotarsus* Cameron, 1876

分布：中国浙江（天目山、乌岩岭、莲县、百山祖、九龙山），上海，福建，湖南，广西；尼泊尔，不丹，印度。

变色平斑叶蜂 *Tenthredo melanotarsus* Cameron, 1876

345 黑毛平斑叶蜂 *Tenthredo melli* Mallach, 1933

分布：中国浙江（天目山、清凉峰、百山祖），安徽，湖北，重庆，四川，福建，江西，湖南，贵州，广东，广西。

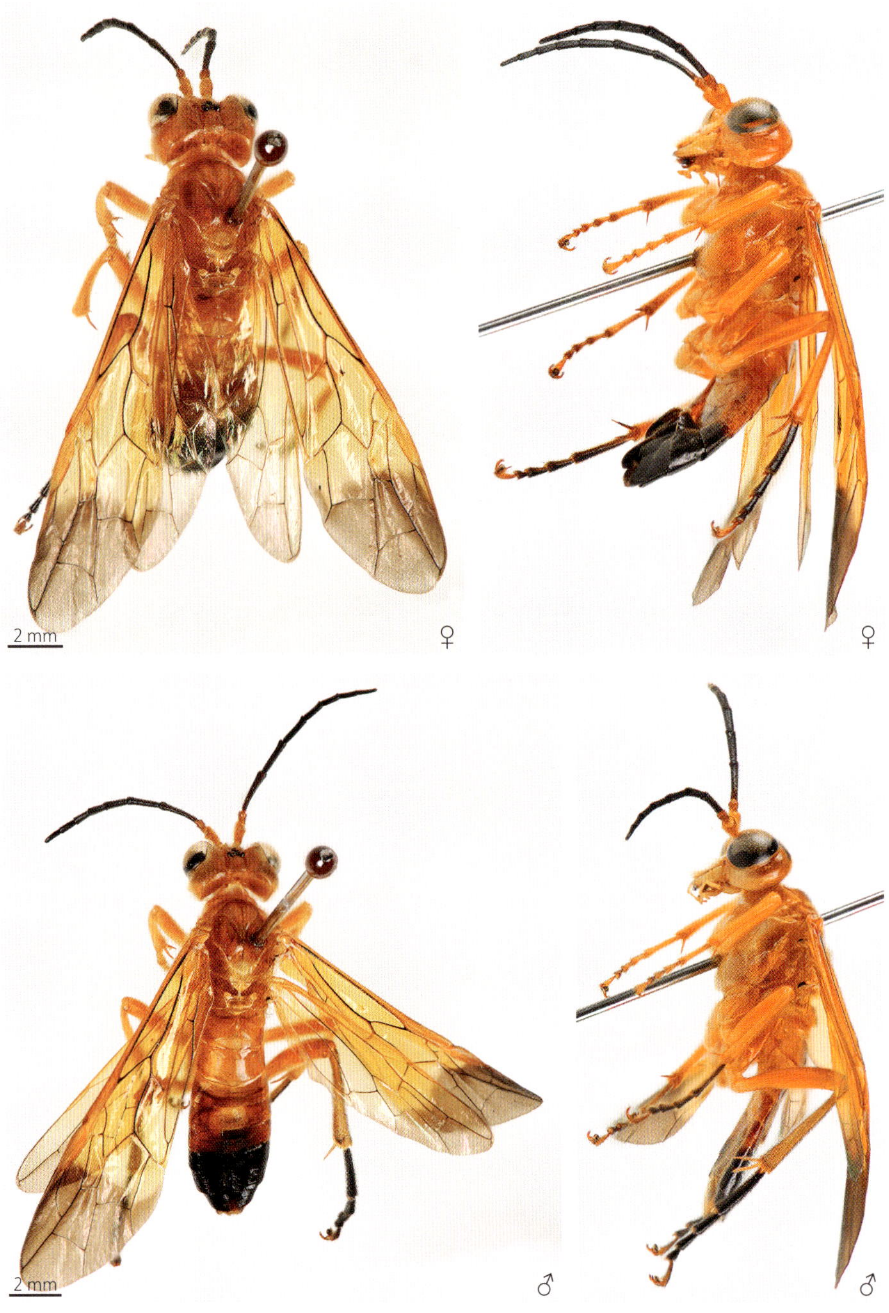

黑毛平斑叶蜂 *Tenthredo melli* Mallach, 1933

346 侧斑槌腹叶蜂 *Tenthredo mortivaga* Marlatt, 1898

分布： 中国浙江（莲都区、杭州市、龙泉市、衢州市、凤阳山、四明山、松阳县、百山祖、乌岩岭），甘肃，陕西，安徽，江苏，福建，江西，湖南，广西；日本。

浙江百山祖

侧斑槌腹叶蜂（雄虫）

350 室带槌腹叶蜂 *Tenthredo nubipennis* Malaise, 1945

分布：中国浙江（天目山、松阳县、溪口镇、凤阳山、莲都区、百山祖、乌岩岭），陕西，安徽，湖北，福建，湖南，江西，重庆，贵州，广东，广西。

室带槌腹叶蜂（雌虫）

室带槌腹叶蜂（雌虫）

室带槌腹叶蜂（雌虫）

室带槌腹叶蜂（雌虫）

室带槌腹叶蜂 ***Tenthredo nubipennis*** **Malaise, 1945**

351 环斑长突叶蜂 *Tenthredo omega* (Takeuchi, 1936)

分布：中国浙江（丽水市、天目山），吉林，辽宁，甘肃，宁夏，陕西，山西，河北，河南，湖北，四川；日本，东北亚。

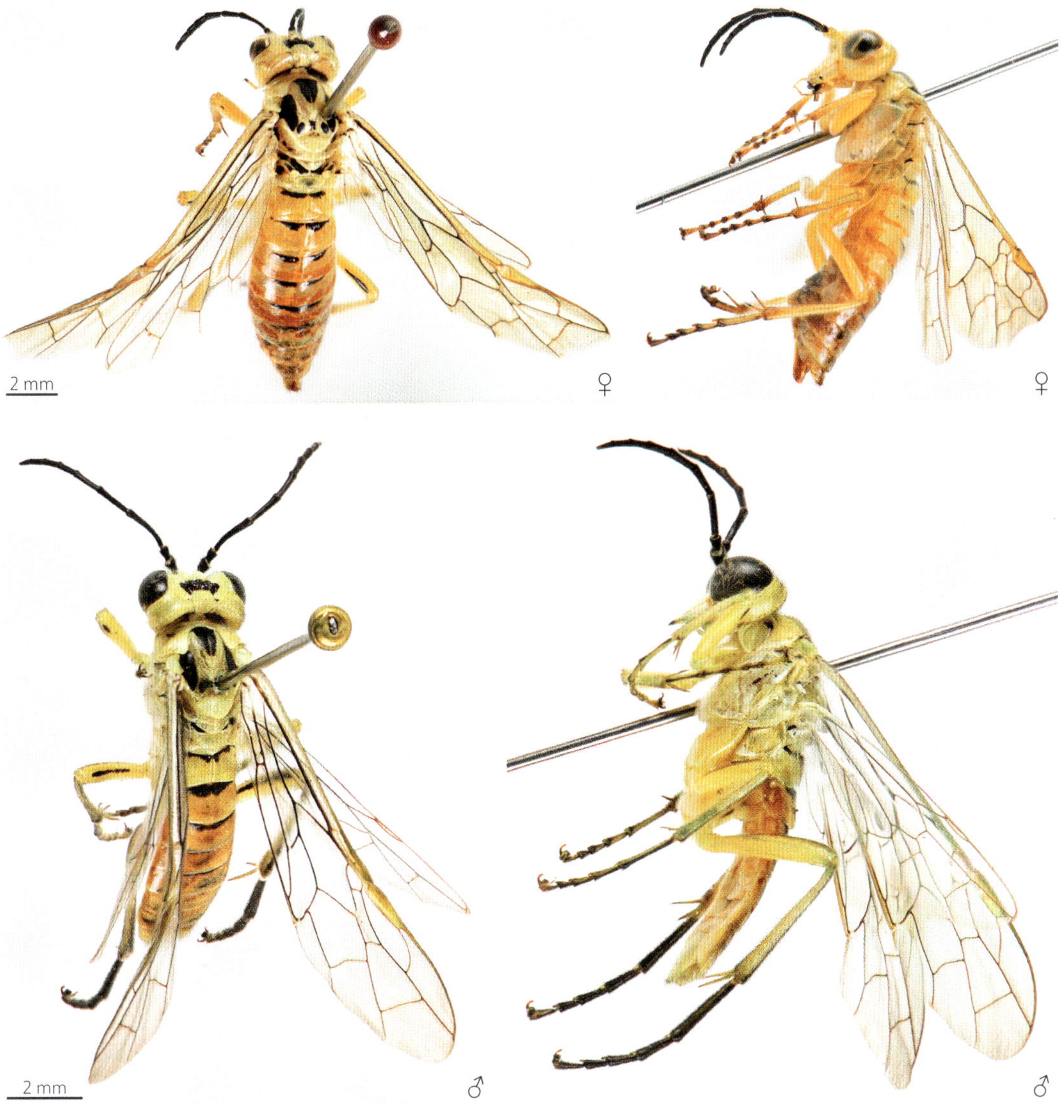

环斑长突叶蜂 *Tenthredo omega* (Takeuchi, 1936)

352 黑胸窝板叶蜂 *Tenthredo omphalica* Wei & Nie, 2003

分布： 中国浙江（天目山），河南，安徽，湖北，重庆，四川，福建，湖南。

黑胸窝板叶蜂 *Tenthredo omphalica* Wei & Nie, 2003

353 斜盾槌腹叶蜂 *Tenthredo plagionotella* Niu, Hu, Luo & Wei, 2019

分布：中国浙江（清凉峰、天目山），安徽，湖南，江西，广东。

斜盾槌腹叶蜂 *Tenthredo plagionotella* Niu, Hu, Luo & Wei, 2019

354 窄带横斑叶蜂 *Tenthredo parapompilina* Wei & Nie, 1999

分布： 中国浙江（乌岩岭、天目山、龙王山、凤阳山、清凉峰、百山祖），陕西，河南，安徽，江西，湖南，四川，贵州，广西，云南，西藏；缅甸，印度。

窄带横斑叶蜂 *Tenthredo parapompilina* Wei & Nie, 1999

355 黄眶逆角叶蜂 *Tenthredo pieli* (Takeuchi, 1938)

分布：中国浙江（天目山、百山祖），河南，安徽，湖北，上海，四川，福建，江西，湖南，贵州，广西。

黄眶逆角叶蜂 *Tenthredo pieli* (Takeuchi, 1938)

356 刻胸平斑叶蜂 *Tenthredo poeciloptera* Enslin, 1911

分布：中国浙江（天目山、九龙山、凤阳山），台湾。

刻胸平斑叶蜂 *Tenthredo poeciloptera* Enslin, 1911

357 脊盾横斑叶蜂 *Tenthredo pompilina* Malaise, 1945

分布： 中国浙江（乌岩岭、天目山、龙王山、凤阳山、清凉峰、九龙山），陕西，河南，安徽，江西，湖南，四川，贵州，广西，云南，西藏；缅甸，印度。

脊盾横斑叶蜂 *Tenthredo pompilina* Malaise, 1945

360 褐脊大黄叶蜂 *Tenthredo pseudoxanthopleurita* Liu, Li & Wei, 2021

分布： 中国浙江（天目山、凤阳山、百山祖），四川。

褐脊大黄叶蜂 *Tenthredo pseudoxanthopleurita* Liu, Li & Wei, 2021

361 褐跗棒角叶蜂 *Tenthredo rubitarsalitia* Wei & Xu, 2012

分布： 中国浙江（天目山），甘肃，安徽，湖南，陕西。

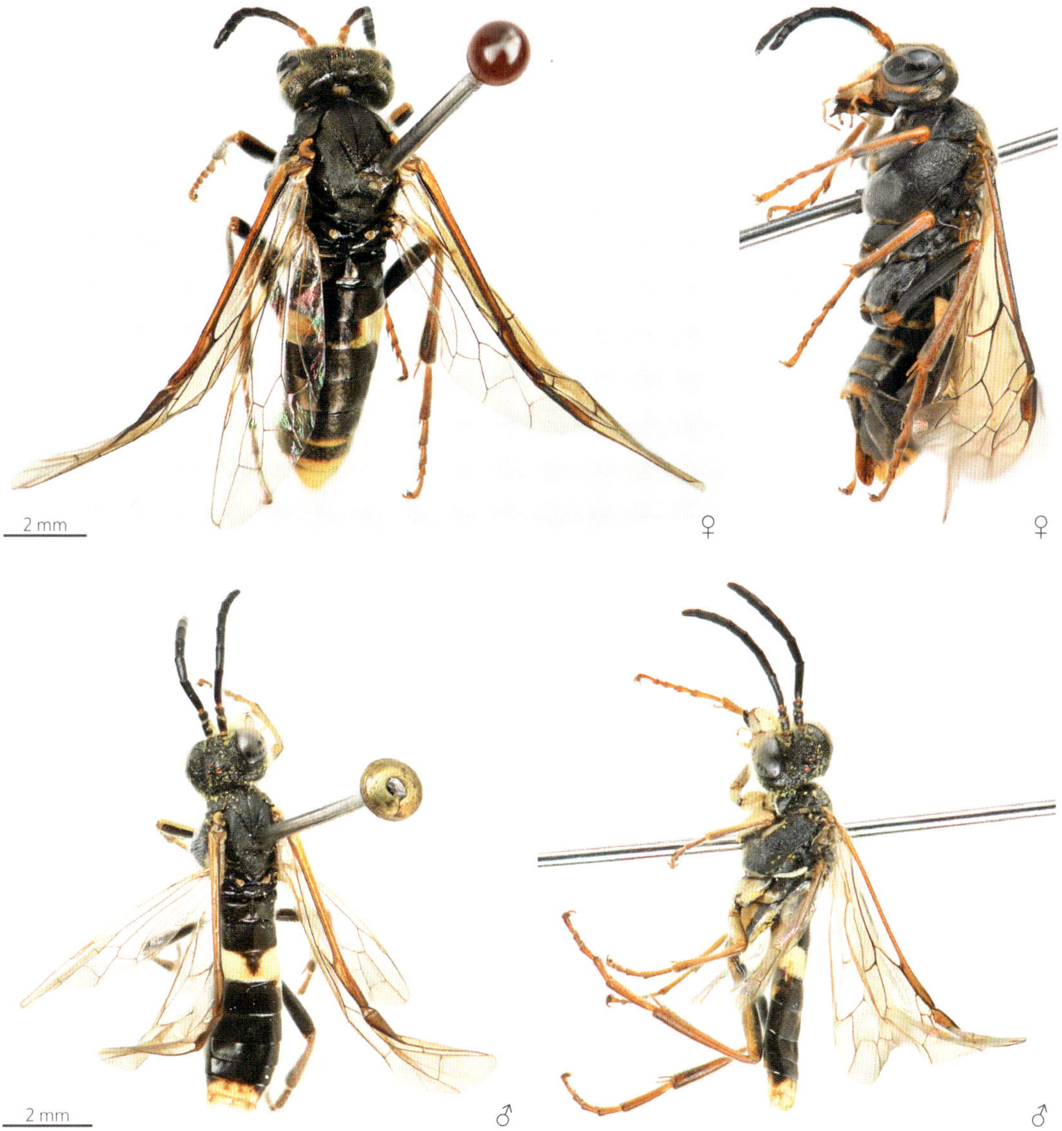

褐跗棒角叶蜂 *Tenthredo rubitarsalitia* Wei & Xu, 2012

362 刻首窝板叶蜂 *Tenthredo rugossicephala* Wei & Niu, 2024

分布：中国浙江（杭州市、凤阳山）。

刻首窝板叶蜂 *Tenthredo rugossicephala* Wei & Niu, 2024

363 光胸逆角叶蜂 *Tenthredo sauteri* (Rohwer, 1916) 浙江省新记录种

分布：中国浙江（百山祖），江西，台湾。

光胸逆角叶蜂 *Tenthredo sauteri* (Rohwer, 1916)

364 光额突柄叶蜂 *Tenthredo subflava* Malaise, 1945

分布：中国浙江（清凉峰），宁夏，陕西，河南，湖北，四川，重庆，江西，湖南，云南；缅甸，印度。

光额突柄叶蜂 *Tenthredo subflava* Malaise, 1945

365 中华平斑叶蜂 *Tenthredo sinensis* Mallach, 1933

分布： 中国浙江（遂昌县、天目山、凤阳山、乌岩岭），陕西，河南，安徽，湖北，湖南，贵州，广东，广西。

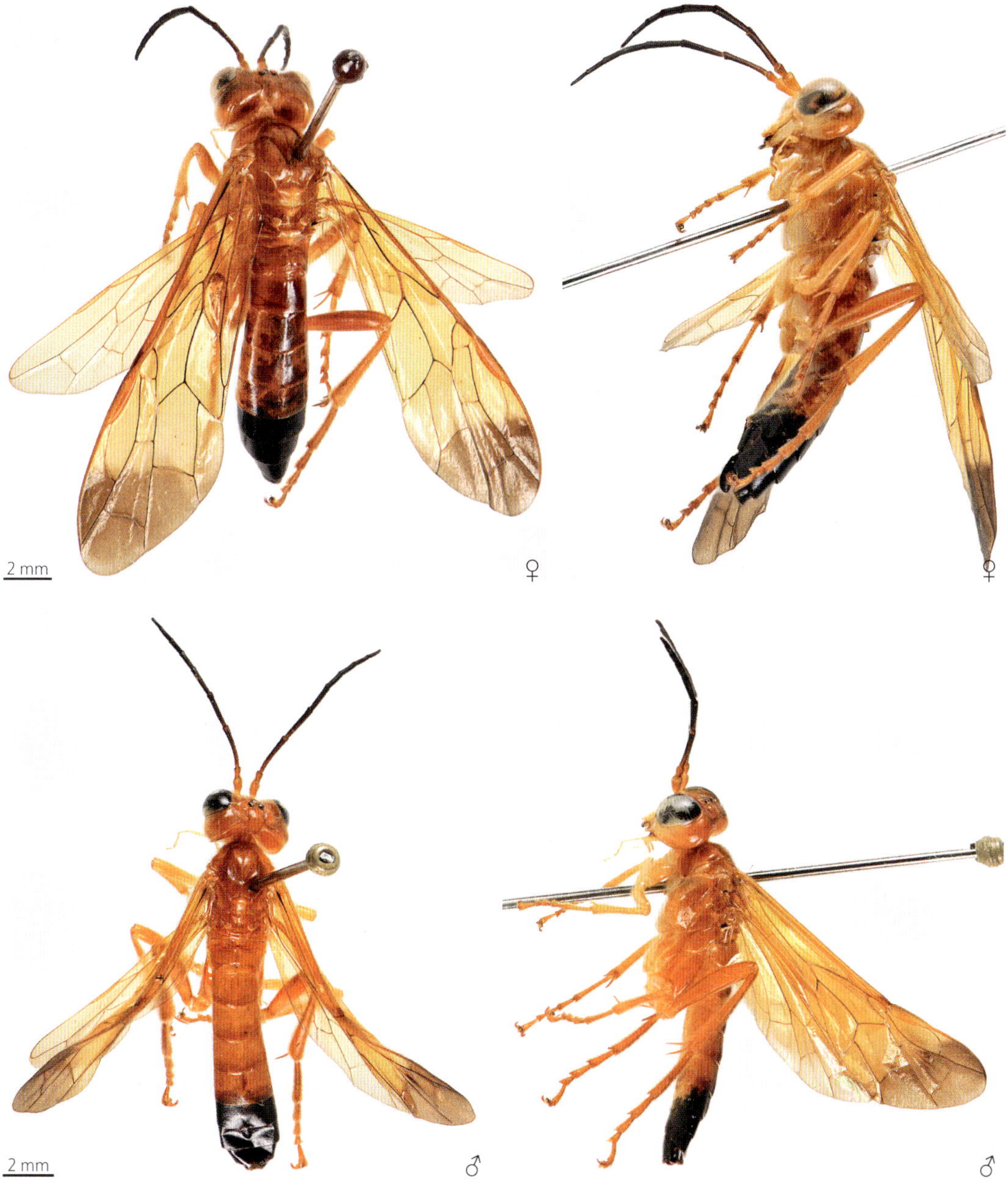

中华平斑叶蜂 *Tenthredo sinensis* Mallach, 1933

366 褐翅棒角叶蜂 *Tenthredo scrobiculata* (Konow, 1898)

分布：中国浙江（凤阳山），福建，四川，广东，江西；印度，越南。

褐翅棒角叶蜂 *Tenthredo scrobiculata* (Konow, 1898)

367 弯条斑翅叶蜂 *Tenthredo shunhuangensis* Wei & Niu, 2010

分布：中国浙江（凤阳山），湖南。

注：《浙江凤阳山昆虫》记录种类。

弯条斑翅叶蜂 *Tenthredo shunhuangensis* Wei & Niu, 2010

368 帅国斑翅叶蜂 *Tenthredo shuaiguoi* Wei & Niu, 2024

分布： 中国浙江（凤阳山）。

帅国斑翅叶蜂 *Tenthredo shuaiguoi* Wei & Niu, 2024

369 东缘平斑叶蜂 *Tenthredo terratila* Wei & Nie, 2002

分布： 中国浙江（天目山），陕西，河南，江西，湖南，贵州，广西。

东缘平斑叶蜂 *Tenthredo terratila* Wei & Nie, 2002

370 淡脊平柄叶蜂 *Tenthredo tessariella* Wei & Nie, 2003

分布：中国浙江（百山祖），福建，湖南，江西。

淡脊平柄叶蜂 *Tenthredo tessariella* Wei & Nie, 2003

371 奇腹环角叶蜂 *Tenthredo thaumatogaster* Wei & Nie, 2003

分布： 中国浙江（凤阳山），福建，湖南，四川，广西。

奇腹环角叶蜂 *Tenthredo thaumatogaster* Wei & Nie, 2003

372 天目条角叶蜂 *Tenthredo tienmushana* (Takeuchi, 1940)

分布： 中国浙江（天目山、凤阳山、百山祖），甘肃，陕西，河北，北京，河南，安徽，湖北，重庆，四川，云南，广西。

浙江凤阳山

天目条角叶蜂（雌虫）

天目条角叶蜂 *Tenthredo tienmushana* (Takeuchi, 1940)

373 细条槌腹叶蜂 *Tenthredo tilineata* Wei & Nie, 2002

分布：中国浙江（天目山），湖南，贵州，广西。

细条槌腹叶蜂 *Tenthredo tilineata* Wei & Nie, 2002

374 单带棒角叶蜂 *Tenthredo unicinctasa* Nie & Wei, 2002

分布： 中国浙江（天目山），甘肃，陕西，河北，北京，天津，河南，安徽，湖北，湖南，重庆。

单带棒角叶蜂 *Tenthredo unicinctasa* Nie & Wei, 2002

375 短条短角叶蜂 *Tenthredo vittipleuris* Malaise, 1945

分布： 中国浙江（天目山、凤阳山、乌岩岭），陕西，河南，安徽，湖北，湖南，四川，贵州，云南；缅甸。

短条短角叶蜂 *Tenthredo vittipleuris* Malaise, 1945

376 文氏槌腹叶蜂 *Tenthredo weni* Wei & Niu, 2013

分布：中国浙江（百山祖、乌岩岭），江西，广西；老挝。

文氏槌腹叶蜂 *Tenthredo weni* Wei & Niu, 2013

377 黄胸大黄叶蜂 *Tenthredo xanthopleurita* Wei, 1998

分布： 中国浙江（天目山、凤阳山），陕西，甘肃，河南，湖北，四川，贵州。

黄胸大黄叶蜂 *Tenthredo xanthopleurita* Wei, 1998

378 肖氏槌腹叶蜂 *Tenthredo xiaoweii* Wei & Nie, 2003

分布：中国浙江（天目山、九龙山），福建，湖南，广西。

肖氏槌腹叶蜂 *Tenthredo xiaoweii* Wei & Nie, 2003

379 弱带横斑叶蜂 *Tenthredo yipingi* Wei & Niu, 2024

分布：中国浙江（天目山）。

弱带横斑叶蜂 *Tenthredo yipingi* Wei & Niu, 2024

380 玉带棒角叶蜂 *Tenthredo yudai* Liu, Li & Wei, 2021

分布：中国浙江（天目山），湖南。

注：本种的雄虫首次发现。

玉带棒角叶蜂 *Tenthredo yudai* Liu, Li & Wei, 2021

381 浙闽平斑叶蜂 *Tenthredo zheminnica* Wei & Nie, 1998

分布：中国浙江（天目山、九龙山），湖北，重庆，福建，贵州，广西。

浙闽平斑叶蜂 *Tenthredo zheminnica* Wei & Nie, 1998

382 中正棒角叶蜂 *Tenthredo zhongzheng* Wei & Niu, 2024

分布： 中国浙江（宁波市），湖南。

中正棒角叶蜂 *Tenthredo zhongzheng* Wei & Niu, 2024

383 环角禾叶蜂 *Tenthredopsis insularis* Takeuchi, 1927

分布：中国浙江（天目山、凤阳山、清凉峰、四明山），甘肃，宁夏，陕西，山西，河北，河南，安徽，湖北，重庆，四川，台湾，福建，江西，湖南，贵州，云南，西藏，广西；缅甸。

环角禾叶蜂 *Tenthredopsis insularis* Takeuchi, 1927

384 黑背天目叶蜂 *Tianmuthredo nigrodorsata* Wei, 1997

分布： 中国浙江（天目山）。

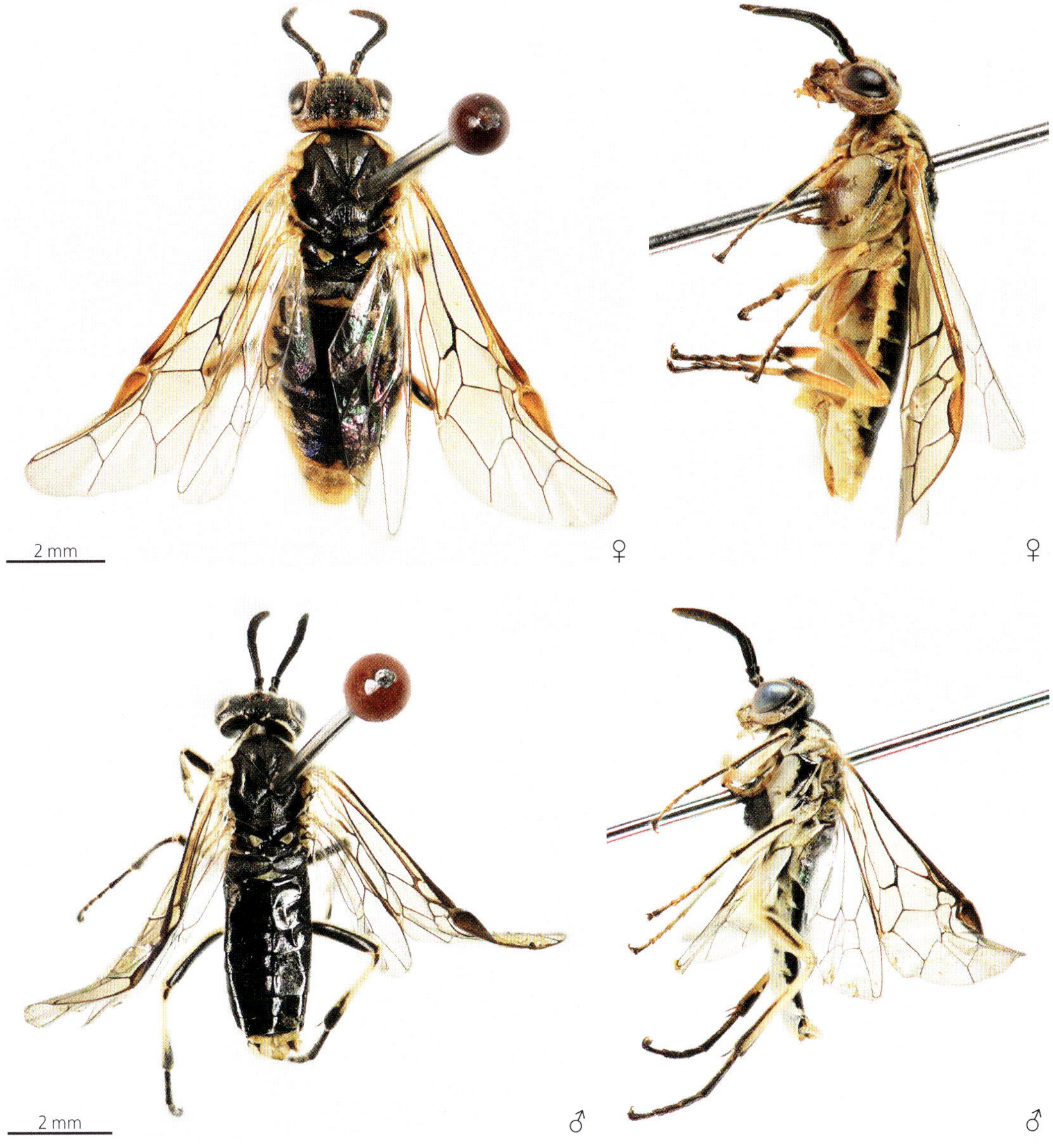

黑背天目叶蜂 *Tianmuthredo nigrodorsata* Wei, 1997

（十二）黏叶蜂亚科 Caliroinae

385 茱萸宽齿叶蜂 *Arla evodiae* (Xiao, 1993)

分布： 中国浙江（天目山），重庆，四川，贵州，广西。

寄主植物： 山茱萸 *Cornus officinalis*。

山茱萸

山茱萸

茱萸宽齿叶蜂 ***Arla evodiae* (Xiao, 1993)**

386 黄足黏叶蜂 *Caliroa albipes* Wei, 1997

分布： 中国浙江（天目山），湖南。

黄足黏叶蜂 *Caliroa albipes* Wei, 1997

387 淡胫类黏叶蜂 *Endemyolia tibialis* Wei, 1998

分布： 中国浙江（天目山、凤阳山、清凉峰、四明山、文成县、丽水市），湖南。

淡胫类黏叶蜂 *Endemyolia tibialis* Wei, 1998

388 如是新黏叶蜂 *Neopoppia rushiae* Wei, 2024

分布：中国浙江（天目山）。

如是新黏叶蜂 *Neopoppia rushiae* Wei, 2024

389 黑鞭华波叶蜂 *Sinopoppia nigroflagella* Wei, 1997

分布： 中国浙江（天目山、清凉峰、丽水市），甘肃，陕西，江苏，湖南。

黑鞭华波叶蜂 *Sinopoppia nigroflagella* Wei, 1997

（十三）潜叶蜂亚科 Fenusinae

390 短角额潜叶蜂 *Sinoscolia brevicornis* Wei, 2024

分布：中国浙江（四明山、丽水市）。

短角额潜叶蜂 *Sinoscolia brevicornis* Wei, 2024

（十四）大基叶蜂亚科 Belesesinae

391 台湾异基叶蜂 *Abeleses formosanus* Enslin, 1911

分布： 中国浙江（天目山、大盘山、松阳县、百山祖），河南，安徽，重庆，四川，台湾，福建，江西，湖南，广东，广西。

台湾异基叶蜂 *Abeleses formosanus* Enslin, 1911

392 黑角异基叶蜂 *Abeleses nigrocornis* Wei, 2024

分布：中国浙江（天目山），湖南，广西。

黑角异基叶蜂 *Abeleses nigrocornis* Wei, 2024

393 钝颚基叶蜂 *Beleses atrofemoratus* Turner, 1920

分布： 中国浙江（凤阳山、百山祖、乌岩岭），江西，福建，湖南，贵州，广东，广西；越南，老挝。

钝颚基叶蜂 *Beleses atrofemoratus* Turner, 1920

394 短距基叶蜂 *Beleses brachycalcar* Wei, 2005

分布：中国浙江（松阳县、遂昌县），陕西，湖北，贵州。

短距基叶蜂 *Beleses brachycalcar* Wei, 2005

395 下斑基叶蜂 *Beleses latimaculatus* Wei & Niu, 2012

分布：中国浙江（大盘山、天目山），陕西，重庆，福建，江西，湖南，湖北，广东，广西，海南。

下斑基叶蜂 *Beleses latimaculatus* Wei & Niu, 2012

396 中华基叶蜂 *Beleses sinensis* Wei, 2002

分布： 中国浙江（天目山），陕西，河南，湖南。

中华基叶蜂 *Beleses sinensis* Wei, 2002

397 黑尾基叶蜂 *Beleses stigmaticalis* (Cameron, 1876)

分布：中国浙江（丽水市、大盘山），陕西，天津，安徽，河北，河南，湖北，湖南，四川，广西；印度。

黑尾基叶蜂 *Beleses stigmaticalis* (Cameron, 1876)

398 天目基叶蜂 *Beleses tianmuensis* Haris, 2008

分布：中国浙江（天目山）。

天目基叶蜂 *Beleses tianmuensis* Haris, 2008

399 黄足基叶蜂 *Beleses xanthopoda* Wei, 2024

分布：中国浙江（清凉峰）。

黄足基叶蜂 *Beleses xanthopoda* Wei, 2024

400 凹板畸距叶蜂 *Nesotaxonus flavescens* (Marlatt, 1898)

分布： 中国浙江（丽水市、天目山、九龙山），北京，河南，陕西，江苏，上海，安徽，湖北，湖南，福建，台湾，重庆，四川，贵州；日本。

凹板畸距叶蜂（雌虫）

凹板畸距叶蜂（雌虫）

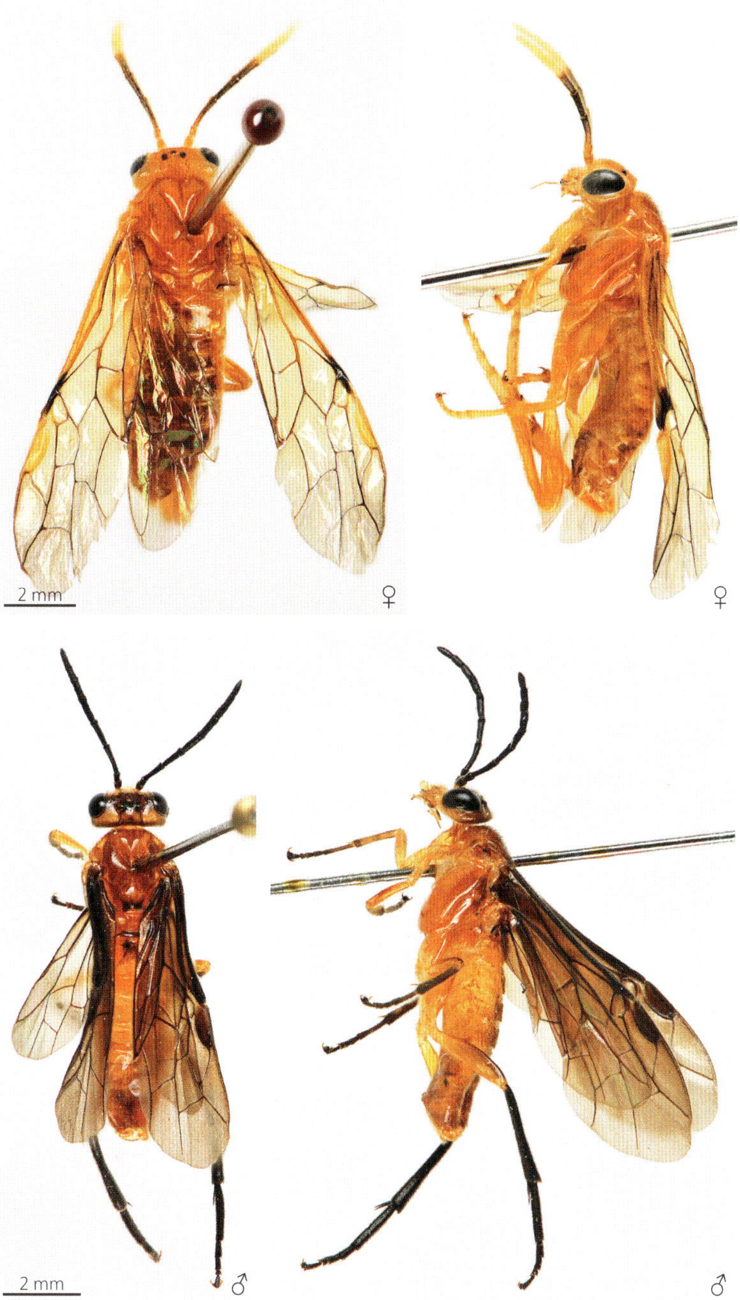

凹板畸距叶蜂 ***Nesotaxonus flavescens*** **(Marlatt, 1898)**

（十五）等节叶蜂亚科 Phymatocerinae

401 白胫蓝片叶蜂 *Amonophadnus nigritus* (Xiao, 1990)

分布： 中国浙江（德清县、天目山、凤阳山），湖北，福建，江西，湖南，广西，海南。

寄主植物： 毛竹 *Phyllostachys edulis*。

白胫蓝片叶蜂 *Amonophadnus nigritus* (Xiao, 1990)

402 美丽拟片叶蜂 *Emegatomostethus sauteri* (Enslin, 1911)

分布： 中国浙江（舟山市、杭州市、丽水市），湖北，台湾，福建，广西。

美丽拟片叶蜂 *Emegatomostethus sauteri* (Enslin, 1911)

403 淡腹长刺叶蜂 *Esehabachia luteiventris* Wei, 2006

分布： 中国浙江（天目山），湖南，贵州，广东，广西。

淡腹长刺叶蜂 *Esehabachia luteiventris* Wei, 2006

404 狭颜真片叶蜂 *Eutomostethus albicomus* Wei & Nie, 1998

分布：中国浙江（天目山、清凉峰、凤阳山、长兴县），福建，江西，湖南，广西，海南。

狭颜真片叶蜂 *Eutomostethus albicomus* Wei & Nie, 1998

405 台湾真片叶蜂 *Eutomostethus formosanus* (Enslin, 1911)

分布：中国浙江（宁波市、天目山、舟山市、杭州市、清凉峰、衢州市、丽水市、古田山、乌岩岭），北京，河南，江苏，安徽，湖北，重庆，四川，上海，台湾，福建，江西，湖南，贵州，云南，广东，广西，海南。

台湾真片叶蜂 *Eutomostethus formosanus* (Enslin, 1911)

406 狭瓣真片叶蜂 *Eutomostethus katonis* (Takeuchi, 1929)

分布：中国浙江（天目山），台湾，福建，湖南，海南。

狭瓣真片叶蜂 *Eutomostethus katonis* (Takeuchi, 1929)

407 湖南真片叶蜂 *Eutomostethus hunanicus* Wei & Ma, 1997

分布： 中国浙江（天目山、龙泉市、莲都区），陕西，重庆，江西，湖南，贵州，广东，广西。

湖南真片叶蜂 *Eutomostethus hunanicus* Wei & Ma, 1997

408 长齿真片叶蜂 *Eutomostethus longidentus* Wei, 2003

分布： 中国浙江（杭州市、凤阳山、莲都区、遂昌县、松阳县、湖州市、乌岩岭），河北，河南，安徽，四川，福建，江西，湖南，贵州，广西。

寄主植物： 毛竹 *Phyllostachys edulis*。

毛竹

毛竹

长齿真片叶蜂 ***Eutomostethus longidentus*** **Wei, 2003**

409 纹瓣真片叶蜂 *Eutomostethus reticulatus* Wei, 2003

分布： 中国浙江（松阳县），福建。

寄主植物： 毛竹 *Phyllostachys edulis*。

纹瓣真片叶蜂 ***Eutomostethus reticulatus* Wei, 2003**

410 角额真片叶蜂 *Eutomostethus triangulatus* Wei, 2024

分布： 中国浙江（清凉峰）。

角额真片叶蜂 *Eutomostethus triangulatus* Wei, 2024

411 三色真片叶蜂 *Eutomostethus tricolor* (Malaise, 1934)

分布： 中国浙江（天目山、凤阳山、丽水市），吉林，辽宁，甘肃，陕西，山西，河北，北京，河南，安徽，湖北，重庆，四川，福建，台湾，江西，湖南，贵州，云南，西藏，广西；俄罗斯（东西伯利亚），日本。

浙江九龙湿地

三色真片叶蜂（雌虫）

三色真片叶蜂 *Eutomostethus tricolor* (Malaise, 1934)

412 张氏真片叶蜂 *Eutomostethus zhangi* Wei, 2003

分布： 中国浙江（凤阳山），河南，湖南，贵州。

张氏真片叶蜂 *Eutomostethus zhangi* Wei, 2003

413 周氏真片叶峰 *Eutomostethus zhouhui* Wei, 2024

分布：中国浙江（凤阳山），福建。

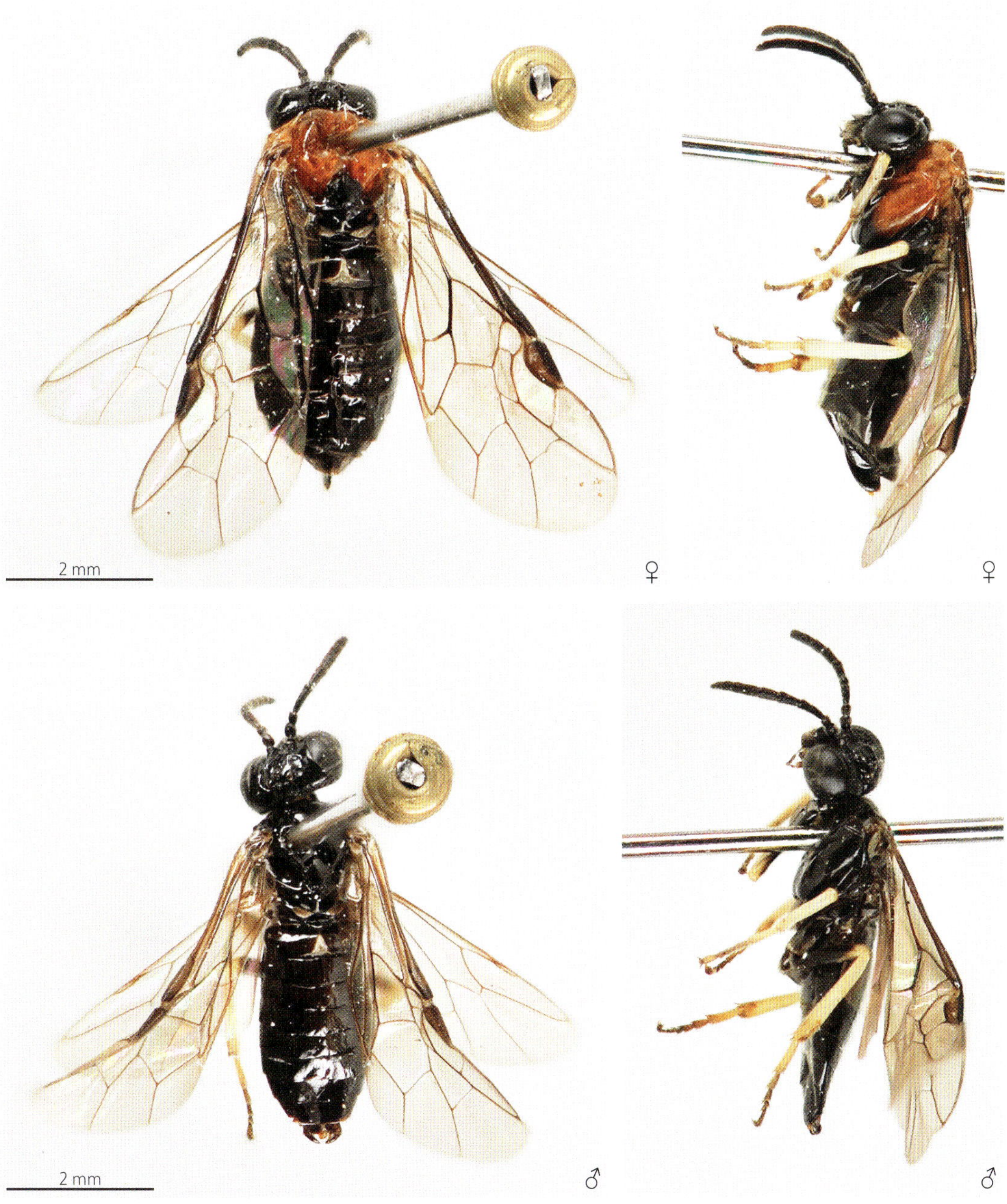

周氏真片叶峰 *Eutomostethus zhouhui* Wei, 2024

414 粗角巨片叶蜂 *Megatomostethus crassicornis* (Rohwer, 1910)

分布：中国浙江（天目山、杭州市、舟山市、大盘山、丽水市），北京，甘肃，陕西，河南，安徽，重庆，四川，台湾，湖南；日本，韩国。

寄主植物：女萎 *Clematis apiifolia*。

女萎

女萎

粗角巨片叶蜂 *Megatomostethus crassicornis* (Rohwer, 1910)

415 中华胖蔺叶蜂 *Monophadnus sinicus* Wei, 1997

分布： 中国浙江（杭州市、兰溪市、舟山市、莫干山），黑龙江，吉林，辽宁，内蒙古，甘肃，陕西，山西，河北，北京，山东，河南，江苏，安徽，湖南，重庆，广西。

寄主植物： 铁线莲属 *Clematis* sp.。

中华胖蔺叶蜂 *Monophadnus sinicus* Wei, 1997

416 黑肩基齿叶蜂 *Nesotomostethus nigrotegularis* Wei & Niu, 2024

分布：中国浙江（四明山、天目山、凤阳山），福建，湖南，广西。

黑肩基齿叶蜂 *Nesotomostethus nigrotegularis* Wei & Niu, 2024

417 长鞘等节叶蜂 *Phymatocera longitheca* Wei, 2003

分布：中国浙江（天目山、凤阳山），福建，湖南，广西。

长鞘等节叶蜂 ***Phymatocera longitheca*** **Wei, 2003**

418 纹背等节叶蜂 *Phymatocera striatana* Wei, 2024

分布：中国浙江（天目山、清凉峰、四明山、古田山、丽水市、百山祖、凤阳山），陕西，湖南。

纹背等节叶蜂 *Phymatocera striatana* Wei, 2024

419 黑腹近脉叶蜂 *Phymatoceropsis melanogaster* He, Wei & Zhang, 2005

分布：中国浙江（天目山），陕西，河北，江西，湖南，四川。

黑腹近脉叶蜂 *Phymatoceropsis melanogaster* He, Wei & Zhang, 2005

420 白肩儒雅叶蜂 *Rya tegularis* Malaise, 1964

分布：中国浙江（莫干山、天目山、清凉峰、丽水市），甘肃，辽宁，陕西，安徽，福建，湖南，广西；缅甸。

白肩儒雅叶蜂 *Rya tegularis* Malaise, 1964

421 白唇角瓣叶蜂 *Senoclidea decora* (Konow, 1898)

分布： 中国浙江（天目山、杭州市、遂昌县、大盘山、百山祖），甘肃，陕西，北京，山东，河南，江苏，湖北，重庆，四川，上海，台湾，福建，江西，湖南，贵州，云南，广东，广西，海南；缅甸。

寄主植物： 薯蓣科 Dioscoreaceae。

白唇角瓣叶蜂（雌虫）

白唇角瓣叶蜂（幼虫）

白唇角瓣叶蜂 *Senoclidea decora* **(Konow, 1898)**

422 中华角瓣叶蜂 *Senoclidea sinica* Wei, 1997

分布：中国浙江（天目山、清凉峰、丽水市），山东，河南，安徽，江西，湖南，贵州，广西。

中华角瓣叶蜂 *Senoclidea sinica* Wei, 1997

423 普通直片叶蜂 *Stethomostus vulgaris* Wei, 1997

分布：中国浙江（九龙山、丽水市），重庆，四川，湖北，福建，湖南，贵州，广西。

普通直片叶蜂 *Stethomostus vulgaris* Wei, 1997

424 淡足狭唇叶蜂 *Yuccacia albipes* Wei & Nie, 1998

分布：中国浙江（丽水市、清凉峰、天目山），福建。

淡足狭唇叶蜂 *Yuccacia albipes* Wei & Nie, 1998

（十六）蔺叶蜂亚科 Blennocampinae

425 东方狭蔺叶蜂 *Cladardis orientalis* Wei, 2003

分布： 中国浙江（天目山、凤阳山、清凉峰、遂昌县），福建，上海，江西，湖南。

东方狭蔺叶蜂 *Cladardis orientalis* Wei, 2003

426 中华叶刃叶蜂 *Monophadnoides sinicus* Wei, 2003

分布： 中国浙江（舟山市、天目山、凤阳山），安徽，福建，湖南，贵州。

中华叶刃叶蜂 *Monophadnoides sinicus* Wei, 2003

427 黄斑叶刃叶蜂 *Monophadnoides xanthomaculus* Wei, 2024

分布：中国浙江（丽水市、天目山）。

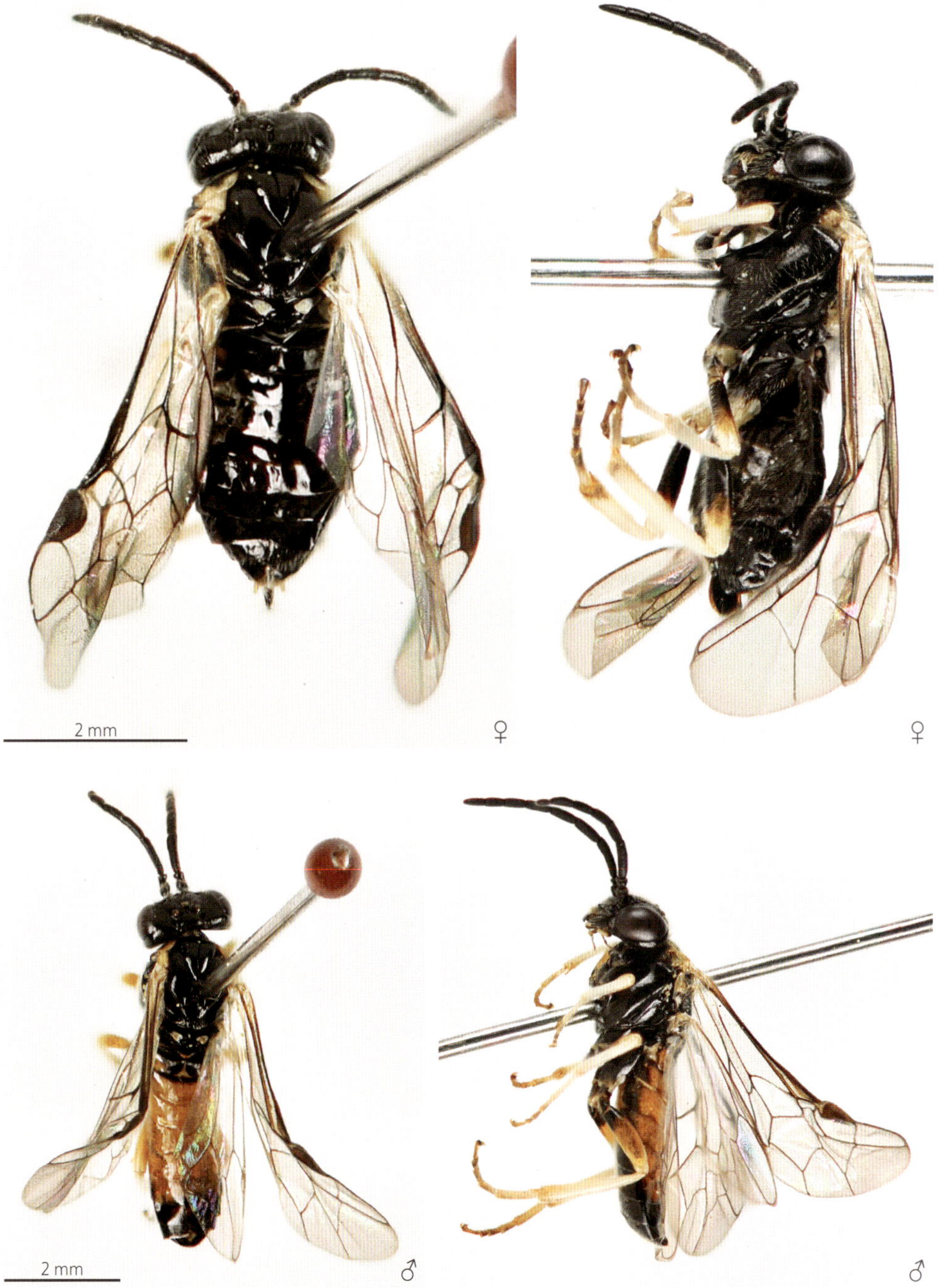

黄斑叶刃叶蜂 *Monophadnoides xanthomaculus* Wei, 2024

428 长柄耳鞘叶蜂 *Monardis pedicula* Wei & Wen, 1998

分布：中国浙江（凤阳山），湖南。

长柄耳鞘叶蜂 *Monardis pedicula* Wei & Wen, 1998

429 美丽南开叶蜂 *Nankaina formosa* Wei, 2024

分布：中国浙江（四明山、丽水市）。

美丽南开叶蜂 *Nankaina formosa* Wei, 2024

九、扁蜂科 Pamphiliidae

鉴别特征： 体中型至大型，十分粗短、扁平；左、右上颚不对称，狭长、强壮；唇基十分宽大，端部截型或弱突出；上唇内折、隐蔽；触角长丝状，16~33 节，鞭节简单，柄节发达，长度近似第 3 节；前翅翅脉多曲折，Sc 脉完全游离，1M 室邻近 R 脉，具短背柄，cu 脉具中位残柄，cu-a 脉靠近 1M 室外侧；腹部极扁平，两侧具锐利边缘；第 1、第 2 背板中央具裂缝。

分布： 古北界、新北界。

本图鉴记载 6 属 25 种。

寄主植物： 桦木科 Betulaceae、壳斗科 Fagaceae、胡桃科 Juglandaceae、松科 Pinaceae、蔷薇科 Rosaceae、杨柳科 Salicaceae。

（一）腮扁蜂亚科 Cephalciinae

430 突唇阿扁蜂 *Acantholyda convexiclypea* Liu, Li & Wei, 2022

分布： 中国浙江（清凉峰）。

突唇阿扁蜂 *Acantholyda convexiclypea* Liu, Li & Wei, 2022

431 异耦阿扁蜂 *Acantholyda dimorpha* Maa, 1944

分布： 中国浙江（凤阳山），河南，江苏，重庆，福建，江西，湖南，四川。

寄主植物： 马尾松 *Pinus massoniana*。

马尾松

异耦阿扁蜂（雌虫）

异耦阿扁蜂 ***Acantholyda dimorpha*** **Maa, 1944**

432 黄缘阿扁蜂 *Acantholyda flavomarginata* Maa, 1944

分布：中国浙江（天目山、雁荡山、凤阳山、白马山），安徽，台湾，福建，江西，湖南，四川，贵州，广西。

寄主植物：马尾松 *Pinus massoniana*、云南松 *Pinus yunnanensis*、华山松 *Pinus armandi*、台湾五针松 *Pinus morrisonicola*。

黄缘阿扁蜂（雌虫）

黄缘阿扁蜂（雌虫）

黄缘阿扁蜂 ***Acantholyda flavomarginata*** **Maa, 1944**

433 光头腮扁蜂 *Cephalcia glabroceps* Wei & Gao, 2024

分布：中国浙江（凤阳山、清凉峰）。

光头腮扁蜂 *Cephalcia glabroceps* Wei & Gao, 2024

434 黑翅腮扁蜂 *Cephalcia melanoptera* Liu, Li & Wei, 2022

分布：中国浙江（凤阳山）。

黑翅腮扁蜂 *Cephalcia melanoptera* Liu, Li & Wei, 2022

435 刻唇腮扁蜂 *Cephalcia puncticlypea* Liu, Li & Wei, 2022

分布： 中国浙江（清凉峰）。

刻唇腮扁蜂 *Cephalcia puncticlypea* Liu, Li & Wei, 2022

436 天目腮扁蜂 *Cephalcia tienmua* Maa, 1949

分布：中国浙江（天目山、凤阳山），河南，安徽，福建，江西，湖南。

天目腮扁蜂 *Cephalcia tienmua* Maa, 1949

437 肖氏腮扁蜂 *Cephalcia xiaoweii* Liu, Li & Wei, 2022

分布： 中国浙江（清凉峰）。

肖氏腮扁蜂 *Cephalcia xiaoweii* Liu, Li & Wei, 2022

438 柳杉华扁蜂 *Chinolyda flagellicornis* (F. Smith, 1860)

分布： 中国浙江（天目山、清凉峰），福建。

寄主植物： 日本柳杉 *Cryptomeria japonica*、柳杉 *Cryptomeria japonica* var. *sinensis*。

日本柳杉

柳杉华扁蜂（雌雄交配）

柳杉华扁蜂（雄虫）

柳杉华扁蜂（雄虫）

柳杉华扁蜂（雌虫）

柳杉华扁蜂（雌虫）

柳杉华扁蜂 ***Chinolyda flagellicornis*** **(F. Smith, 1860)**

（二）扁蜂亚科 Pamphiliinae

439 李氏脉扁蜂 *Neurotoma lii* Wei, 2024

分布： 中国浙江（杭州、天目山、凤阳山）。

李氏脉扁蜂 *Neurotoma lii* Wei, 2024

440 黑腹齿扁蜂 *Onycholyda atra* Shinohara & Wei, 2016

分布：中国浙江（天目山、凤阳山）。

寄主植物：盾叶莓 *Rubus peltatus*。

黑腹齿扁蜂 *Onycholyda atra* Shinohara & Wei, 2016

441 黄角齿扁蜂 *Onycholyda fulvicornis* Shinohara, 2016

分布： 中国浙江（天目山），陕西。

寄主植物： 蓬蘽 *Rubus hirsutus*。

黄角齿扁蜂 *Onycholyda fulvicornis* **Shinohara, 2016**

442 黄转齿扁蜂 *Onycholyda odaesana* Shinohara & Byun, 1993

分布： 中国浙江（天目山、百山祖、凤阳山），甘肃，河南，陕西，安徽，湖南；朝鲜，韩国。

寄主植物： 腺毛莓 *Rubus adenophorus*、茅莓 *Rubus parvifolius*。

茅莓

茅莓

黄转齿扁蜂 ***Onycholyda odaesana*** **Shinohara & Byun, 1993**

443 陕西齿扁蜂 *Onycholyda shaanxiana* Shinohara, 1999

分布：中国浙江（天目山），陕西，河南，湖北，湖南，广西。

陕西齿扁蜂 *Onycholyda shaanxiana* Shinohara, 1999

444 四川齿扁蜂 *Onycholyda sichuanica* Shinohara, Naito & Huang, 1988

分布： 中国浙江（天目山、百山祖），甘肃，安徽，湖北，福建，湖南，四川，广西，贵州。

寄主植物： 悬钩子属 *Rubus* spp.

四川齿扁蜂 *Onycholyda sichuanica* Shinohara, Naito & Huang, 1988

445 方顶齿扁蜂 *Onycholyda subquadrata* (Maa, 1944)

分布：中国浙江（天目山、凤阳山、古田山），内蒙古，甘肃，陕西，北京，山西，河北，河南，江西，福建，四川，湖南，广西。

方顶齿扁蜂 *Onycholyda subquadrata* (Maa, 1944)

446 天目齿扁蜂 *Onycholyda tianmushana* Shinohara & Xiao, 2006

分布：中国浙江（天目山、百山祖），江西，湖南。

天目齿扁蜂 *Onycholyda tianmushana* Shinohara & Xiao, 2006

447 王氏齿扁蜂 *Onycholyda wongi* (Maa, 1944)

分布： 中国浙江（天目山、凤阳山），湖北，福建，湖南，四川，贵州，广西。

王氏齿扁蜂 *Onycholyda wongi* (Maa, 1944)

448 李氏扁蜂 *Pamphilius lizejiani* Shinohara, 2012

分布：中国浙江（天目山），湖北，江西，湖南。

寄主植物：化香树 *Platycarya strobilacea*。

李氏扁蜂 ***Pamphilius lizejiani*** **Shinohara, 2012**

449 稠李扁蜂 *Pamphilius padus* Shinohara, 2016

分布： 中国浙江（天目山）。

寄主植物： 细齿稠李 *Prunus obtusata*。

细齿稠李

细齿稠李

稠李扁蜂 ***Pamphilius padus*** **Shinohara, 2016**

450 斜瓣扁蜂 *Pamphilius palliceps* Shinohara & Xiao, 2006

分布： 中国浙江（天目山），安徽。

寄主植物： 野蔷薇 *Rosa multiflora*。

斜瓣扁蜂 *Pamphilius palliceps* Shinohara & Xiao, 2006

451 秦岭扁蜂 *Pamphilius qinlingicus* Wei, 2010

分布：中国浙江（天目山、凤阳山），甘肃，陕西。

秦岭扁蜂 *Pamphilius qinlingicus* Wei, 2010

452 盛氏扁蜂 *Pamphilius shengi* Wei, 1999

分布： 中国浙江（天目山），河南，陕西，湖北。

盛氏扁蜂 *Pamphilius shengi* Wei, 1999

453 树人扁蜂 *Pamphilius shureni* Wei, 2024

分布：中国浙江（天目山）。

树人扁蜂 *Pamphilius shureni* Wei, 2024

454 天目扁蜂 *Pamphilius tianmushanus* Liu, Li & Wei, 2021

分布： 中国浙江（天目山）。

天目扁蜂 *Pamphilius tianmushanus* Liu, Li & Wei, 2021

十、项蜂科 Xiphydriidae

鉴别特征：体中大型，体长 5~25 mm；头部亚球形，后头膨大；口器发达，上颚粗短，具多个内齿；上唇微小；唇基端缘常具齿突；复眼较小，互相远离；颜面和额区较短，后头部多少膨大；触角细丝状，一般 11~19 节，端部尖细，第 1 节长柄状，弯曲，第 2 节短；前胸侧板水平向延长，侧面观长大于高，外观类似颈部；前胸背板中部窄，侧叶发达，背面观后缘凹入部很深；中胸背板具中位横沟，将中胸背板分为前、后 2 部；中胸背板前叶发达，具中纵沟，盾纵沟向后收敛，后端几乎接触；盾侧凹不发达；具翅基片；小盾片发达，无附片；中胸侧腹板前缘具狭窄的腹前桥，中胸侧板和腹板间具宽沟；后胸淡膜区小，互相远离；中后胸侧板倾斜，后侧片凹入；后胸侧板发达，与腹部第 1 背板结合，结合缝显著；翅脉大多纵向延伸；前翅前缘室发达，翅痣十分狭长；1M 室背柄长且与翅脉整体伸展方向一致，具 2r 脉，cu-a 脉靠近 1M 脉，臀室完整，亚基部收缩；后翅通常具 4~6 个封闭的基室；胫节无亚端距；前足胫节端部具 1 个端距，有时具 2 个端距，则其中 1 端距非常短小；后足具 2 个端距；腹部亚桶形，具侧缘脊，第 1 节背板具中缝，端部背板简单，产卵器较长，伸出腹部末端。幼虫触角 3 节，钻蛀寄生于死树或濒死树木。

分布：世界广布。

本图鉴记载 4 属 4 种。

寄主植物：桦木科 Betulaceae、杨柳科 Salicaceae、无患子科 Sapindaceae、榆科 Ulmaceae 等。

（一）肿角项蜂亚科 Euxiphydriinae

455 红头肿角项蜂 *Euxiphydria potanini* (Jakowlew, 1891)

分布：中国浙江（天目山、凤阳山），北京，河南，陕西，甘肃，福建；俄罗斯（东西伯利亚），朝鲜，日本。

寄主植物：五角槭 *Acer pictum* subsp. *mono*。

浙江凤阳山

红头肿角项蜂（雌虫）

红头肿角项蜂 ***Euxiphydria potanini*** **(Jakowlew, 1891)**

（二）宽颜项蜂亚科 Hyperxiphiinae

456 红头双距项蜂 *Hyperxiphia ruficephala* Wei, 2019

分布： 中国浙江（乌岩岭）。

红头双距项蜂 *Hyperxiphia ruficephala* Wei, 2019

（三）项蜂亚科 Xiphydriinae

457 天目长节项蜂 *Alloxiphia tianmua* Wei, 2021

分布： 中国浙江（天目山）。

天目长节项蜂 *Alloxiphia tianmua* Wei, 2021

458 天目项蜂 *Xiphydria tianmunica* Wei, 2019

分布： 中国浙江（天目山）。

天目项蜂 *Xiphydria tianmunica* Wei, 2019

十一、树蜂科 Siricidae

鉴别特征： 体长 12~50 mm；头部方形或半球形，口器退化；触角丝状，12~30 节（中美洲有 1 个属触角 5~6 节），第 1 节通常最长，鞭节有时侧扁；前胸背板短，外观无长颈；前胸背板横方形，后缘凹入部分较浅；翅基片消失；中胸背板前叶和侧叶合并，小盾片无附片，盾侧凹大部分强烈隆起；后胸背板具淡膜区；中胸侧腹板前缘具狭窄的腹前桥；中胸侧板和腹板间无侧沟；后胸背板具淡膜区，侧板发达，与腹部第 1 背板结合，结合缝显著；前足胫节具 1 个端距，后足具 1~2 个端距，亚端距缺如；前翅前缘室狭窄，翅痣狭长，纵脉较直，具 2r 脉，1M 室内上角具短柄或无柄，1R1 室与 1M 室接触面短或缺，cu-a 脉不靠近 1M 脉，臀室完整，亚基部收缩；后翅常具 5 个闭室；前后翅的 R1 室端部有退化趋势；腹部圆筒形，无缘脊，第 1 节背板具中缝，末节背板发达，具长突；产卵器细长，远伸出腹端外，锯刃退化；雄虫下生殖板中部强烈突出，末端尖。幼虫触角 1 节，胸足退化，无腹足，具肛上突。

分布： 本科现生种类为全球分布型。

本图鉴记载 3 属 5 种。

寄主植物： 桦木科 Betulaceae、壳斗科 Fagaceae、胡桃科 Juglandaceae、锦葵科 Malvaceae、蔷薇科 Rosaceae、芸香科 Rutaceae、杨柳科 Salicaceae 等。

（一）树蜂亚科 Siricinae

459 陈氏大树蜂 *Urocerus sicieni* Maa, 1949

分布： 中国浙江（天目山、松阳县、乌岩岭），广西。

陈氏大树蜂 ***Urocerus sicieni*** **Maa, 1949**

（二）扁角树蜂亚科 Tremecinae

460 十节凸盘树蜂 *Eriotremex decem* Wei, 2022

分布： 中国浙江（杭州市）。

十节凸盘树蜂 *Eriotremex decem* Wei, 2022

461 黑顶扁角树蜂 *Tremex apicalis* Matsumura, 1912

分布： 中国浙江（天目山），吉林，辽宁，陕西，河北，北京，天津，河南，江苏，四川，上海；日本，朝鲜。

寄主植物： 柳属 *Salix*、杨 *Populus simonii* var. *przewalskii*、梧桐 *Firmiana simplex*。

梧桐

梧桐

黑顶扁角树蜂（雄虫）

黑顶扁角树蜂（雄虫）

黑顶扁角树蜂 *Tremex apicalis* **Matsumura, 1912**

462 烟扁角树蜂 *Tremex fuscicornis* (Fabricius, 1787)

分布：中国浙江（诸暨市），黑龙江，吉林，辽宁，内蒙古，甘肃，陕西，山西，河北，北京，天津，河南，江苏，上海，福建，江西，湖南，西藏；日本，朝鲜，韩国，蒙古国，欧洲，智利。

寄主植物：桦木属 *Betula* sp.、梨属 *Pyrus* sp.、柳属 *Salix* sp.、杨 *Populus simonii* var. *przewalskii*、栎 *Quercus* × *leana*、千金榆 *Carpinus cordata*、白榆 *Ulmus pumila*、榉树 *Zelkova serrata*、水青冈 *Fagus longipetiolata*、朴树 *Celtis sinensis*、枫杨 *Pterocarya stenoptera*、杏 *Prunus armeniaca*、桃 *Prunus persica*。

杏

桃

桃

朴树

榉树

枫杨

水青冈

水青冈

烟扁角树蜂 *Tremex fuscicornis* (**Fabricius, 1787**)

463 黄痣扁角树蜂 *Tremex latipes* Maa, 1949

分布： 中国浙江（杭州市），江苏。

寄主植物： 大叶臭花椒 *Zanthoxylum myriacanthum*。

黄痣扁角树蜂 *Tremex latipes* Maa, 1949

十二、茎蜂科 Cephidae

鉴别特征： 成虫体形瘦长，长 4~20 mm；头部近球形，后头多少延长；上颚粗壮，端齿弯折程度弱，2~3 齿，左、右上颚不对称；唇基倾斜，具中齿，无唇基上沟；上唇退化，下颚须和下唇须发达，下颚须第 3 节粗壮；触角长丝状，16~35 节，各节均较短，第 1 节长稍大于宽，第 2 节长不大于宽；中胸前盾片小型，盾侧凹浅；小盾片发达，无附片，盾侧凹深；前翅纵脉多较直，M 脉尤甚，Sc 脉消失，前缘室通常狭窄，翅痣通常较窄长，1r 和 2r 脉存在，臀室宽，中部不收窄；后翅臀室无柄式，中后足胫节有时具亚端距，跗垫退化；腹部筒形或显著侧扁，无侧缘脊；产卵器较短至甚长，背面观可见端部明显伸出腹端；锯腹片有锯刃，锯柄短，节缝和锯刃部分或均分化。

分布： 世界广布。

本图鉴记载 8 属 20 种。

寄主植物： 蔷薇科 Rosaceae、禾本科 Gramineae、木樨科 Oleaceae、五加科 Araliaceae 等。

（一）茎蜂亚科 Cephinae

464 黑颚细茎蜂 *Calameuta sculpturalis* Maa, 1949

分布： 中国浙江（杭州市、天目山），河北。

浙江天目山

黑颚细茎蜂 ***Calameuta sculpturalis*** **Maa, 1949**

465 震旦茎蜂 *Cephus aurorae* Maa, 1949

分布： 中国浙江（天目山），江苏，上海。

震旦茎蜂 *Cephus aurorae* Maa, 1949

466 黑翅茎蜂 *Cephus nigripennis* (Takeuchi, 1927)

分布：中国浙江（丽水市、天目山、德清县），辽宁，北京，河南，安徽，福建，江西，湖南；日本，朝鲜，俄罗斯（西伯利亚）。

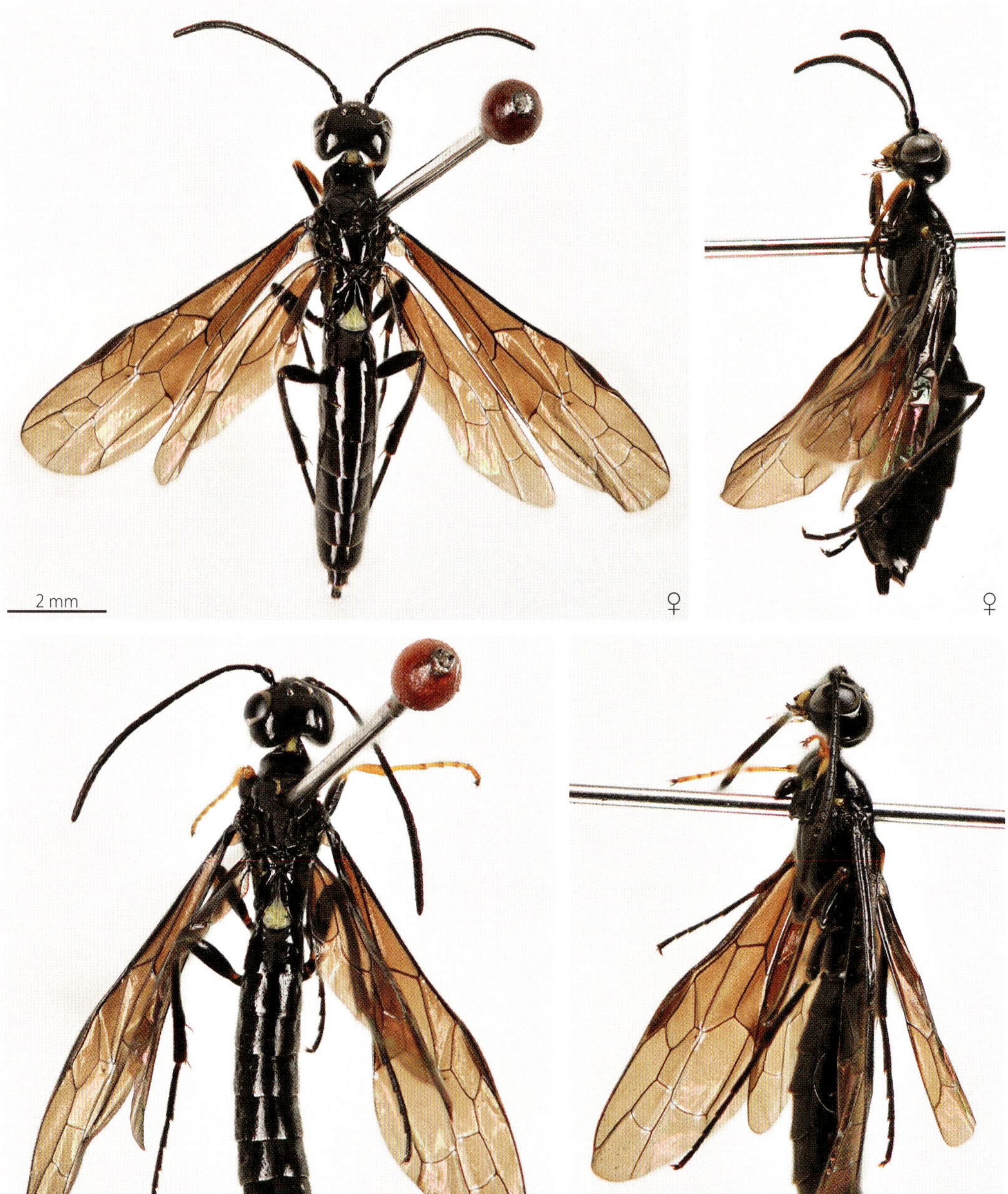

黑翅茎蜂 *Cephus nigripennis* (Takeuchi, 1927)

（二）等节茎蜂亚科 Hartigiinae

467 天目貂蝉茎蜂 *Diaochana tianmunicus* (Wei, 1999)

分布： 中国浙江（天目山）。

天目貂蝉茎蜂 *Diaochana tianmunicus* (Wei, 1999)

468 点斑简脉茎蜂 *Janus dianban* Wei, 2022

分布： 中国浙江（凤阳山）。

点斑简脉茎蜂 *Janus dianban* Wei, 2022

469 杜鹃简脉茎蜂 *Janus dujuan* Wei, 2023

分布： 中国浙江（四明山），江西。

寄主植物： 云锦杜鹃 *Rhododendron fortunei*。

云锦杜鹃

云锦杜鹃

云锦杜鹃

杜鹃简脉茎蜂（雌虫产卵）

杜鹃简脉茎蜂（雌虫产卵）

杜鹃简脉茎蜂 ***Janus dujuan*** **Wei, 2023**

470 古氏简脉茎蜂 *Janus gussakovskii* Maa, 1949

分布： 中国浙江（杭州市、龙泉市），甘肃，北京，山西，陕西，福建，江西，湖南。

古氏简脉茎蜂 *Janus gussakovskii* Maa, 1949

471 烟缘筒脉茎蜂 *Janus infuscimarginatus* Wei, 2022

分布： 中国浙江（天目山）。

烟缘筒脉茎蜂 *Janus infuscimarginatus* Wei, 2022

472 梨简脉茎蜂 *Janus piri* Okamoto & Muramatsu, 1925

分布：中国浙江（义乌市、百山祖），甘肃，宁夏，河北，山西，北京，河南，江苏，湖北，江西，湖南，四川，贵州；朝鲜，日本。

寄主植物：梨属 *Pyrus*。

梨

梨

豆梨

豆梨

梨简脉茎蜂 ***Janus piri*** **Okamoto & Muramatsu, 1925**

473 黄盾筒脉茎蜂 *Janus xanthoscutella* Wei, 2022

分布： 中国浙江（凤阳山）。

黄盾筒脉茎蜂 *Janus xanthoscutella* Wei, 2022

474 红腹简脉茎蜂 *Janus rufoventralis* Wei, 1996

分布： 中国浙江（龙泉市）。

红腹简脉茎蜂 *Janus rufoventralis* Wei, 1996

475 黄肩亚旋茎蜂 *Neosyrista incisus* (Wei & Nie, 1996)

分布：中国浙江（杭州市、凤阳山、四明山），江苏，湖南。

黄肩亚旋茎蜂 *Neosyrista incisus* (Wei & Nie, 1996)

476 黑跗亚旋茎蜂 *Neosyrista similis* (Mocsáry, 1904)

分布：中国浙江（杭州市、天目山、凤阳山），甘肃（平凉），江苏，安徽，四川，福建；日本。

寄主植物：玫瑰 *Rosa rugosa*、月季 *Rosa chinensis*。

黑跗亚旋茎蜂 *Neosyrista similis* (Mocsáry, 1904)

477 红腹亚旋茎蜂 *Neosyrista rufiabdominalis* (Wei & Nie, 1996)

分布：中国浙江（天目山、龙泉市、乌岩岭），江西，湖南。

红腹亚旋茎蜂 *Neosyrista rufiabdominalis* (Wei & Nie, 1996)

478 单带等节茎蜂 *Phylloecus agilis* (F. Smith, 1874)

分布： 中国浙江（天目山）、吉林、山东、江苏、上海、湖南、福建；日本。

寄主植物： 蔷薇属 *Rosa* spp.。

单带等节茎蜂 ***Phylloecus agilis* (F. Smith, 1874)**

479 纤细等节茎蜂 *Phylloecus minutus* (Wei & Nie, 1997)

分布：中国浙江（凤阳山、天目山），山东，江西，湖南。

纤细等节茎蜂 *Phylloecus minutus* (Wei & Nie, 1997)

480 亮翅中华茎蜂 *Sinicephus cyaneus* (Wei, 1999)

分布： 中国浙江（杭州市）；日本。

亮翅中华茎蜂 *Sinicephus cyaneus* (Wei, 1999)

481 烟翅中华茎蜂 *Sinicephus giganteus* (Enderlein, 1913)

分布： 中国浙江（天目山），江苏，上海，江西，台湾。

烟翅中华茎蜂 *Sinicephus giganteus* (Enderlein, 1913)

482 淡基细腰茎蜂 *Urosyrista montana* Maa, 1944

分布：中国浙江（天目山），福建；缅甸。

淡基细腰茎蜂 *Urosyrista montana* Maa, 1944

483 天目细腰茎蜂 *Urosyrista tianmunica* Wei & Liu, 2024

分布：中国浙江（天目山）。

天目细腰茎蜂 *Urosyrista tianmunica* Wei & Liu, 2024

第三部分

PART 3

新种记述

NEW SPECIES DESCRIPTION

《中国浙江昆虫志》第十四卷《膜翅目“广腰亚目”》共记载中国浙江叶蜂 7 亚目 14 科，共计 208 属 720 种。目前已调查发现的中国浙江叶蜂中，还有 40 余新种有待报道。本图鉴描述其中 21 新种，分属于 6 科 17 属。模式标本除另有注明外，均保存于江西南昌亚洲叶蜂博物馆（ASMN）。

一、茸蜂科 Blasticotomidae

484 窄带三节茸蜂，新种 *Runaria striata* Wei, sp. nov.

雌虫： 体长 6.7~7 mm；虫体黑色，上颚大部、上唇和口须暗褐色，翅基片和足橘褐色，各足基节基缘黑色；翅透明，前翅亚端部具边界模糊的弱烟褐色横带，翅痣黑褐色，前缘脉浅褐色，其余翅脉暗褐色，后翅外缘稍暗，翅脉浅褐色；体毛浅褐色，锯鞘毛褐色。

头部刻点粗大密集，内眶中部刻点粗糙致密，唇基前缘、触角窝上侧台壁、单眼后区中部横带和上眶内侧椭圆形区域光滑，无刻点；额区具稀疏模糊刻点，前部具不规则横脊纹；颚眼距具密集刻纹；前胸背板沟后部具不规则刻纹和密集刻点；中胸背板隆起部光滑，盾侧凹前坡具较密刻纹和不规则刻点，背板侧叶中部内侧散布零星小刻点，小盾片后缘具粗大刻点；中胸前侧片上部 2/3 具稀疏浅弱大刻点，间隙 2~3 倍于刻点直径，前侧缘刻点粗密，前侧片下半部和后下侧片前半部大部光滑，后上侧片全部和后下侧片后侧刻纹密集；后胸前侧片具稍密集的浅大刻点，后侧片具细密刻纹；腹部第 1 背板基部具刻纹，中部具粗大刻点，两侧后部光滑；2~8 背板除前后缘外具明显稀疏刻点和细刻纹，9~10 背板刻点不明显，具细弱刻纹；腹板具稀疏刻点；锯鞘基洼部具细刻纹，锯鞘端基部 2/3 具细弱刻纹，端部具细小刻点。

唇基端部缺口极浅弱弧形，深度 0.1 倍于唇基长；颚眼距等宽于触角窝间距和中单眼直径；复眼内缘向下稍收敛，间距 1.35 倍于复眼长径；背面观头部宽长比等于 2.4，前缘近平直；额区稍凹，前部具深长中纵沟，伸至触角窝上沿一线，上眶侧缘在复眼后明显收缩，0.4 倍于复眼长；单眼后区宽长比等于 2.3，后部明显隆起，侧沟不明显；单眼后沟宽深；触角等长于头部宽，第 2 节长大于宽，第 3 节长等于复眼背缘间距。前足胫节内端距端部不对称分叉；后足胫节等长于跗节，内端距 0.55 倍于基跗节长，显著长于外端距；基跗节稍短于其后 4 节之和；爪小型，无内齿；前翅 2r 脉 0.7 倍于翅痣中部宽，1.2 倍于 1r-m 长；2r 脉交于 2Rs 室上缘内侧 0.4，2m-cu 脉交于 2Rs 室下缘外侧 0.3，cu-a 脉交于 1M 室下缘外侧 0.4，2Rs 室外缘显著加宽，2r-m 脉上部明显弯曲，长约 2 倍于 1r-m 脉长；后翅 M 室长 2 倍于宽，外缘宽 2 倍于内缘，臀室柄 0.6 倍于 cu-a 脉长。腹部第 2

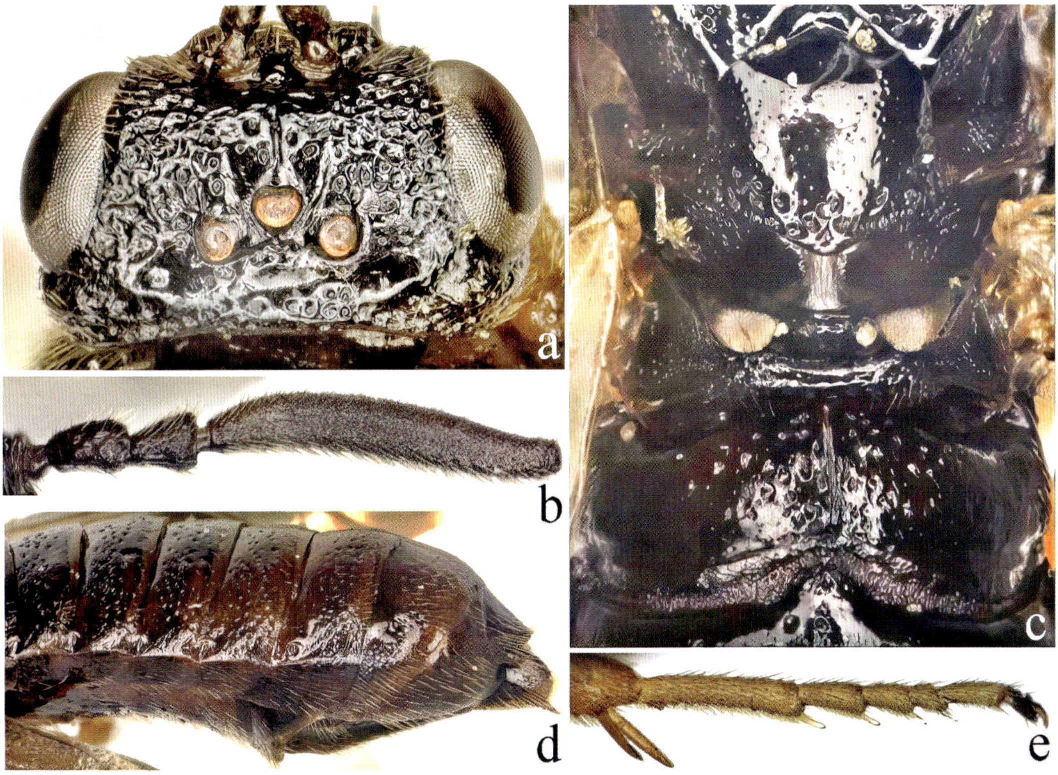

a. 头部背面观；b. 触角；c. 中胸小盾片至腹部第 1 背板；d. 腹部中端部和锯鞘；e. 后足胫节距和跗节。

窄带三节茸蜂，新种 ***Runaria striata*** **Wei, sp. nov.**，雌虫，副模

节背板中部明显前突；尾须短小，长稍大于宽；侧面观锯鞘 1.1 倍于后足胫节长，锯鞘基 2.8 倍于锯鞘端长，锯鞘端长稍大于高，端部窄圆；背面观锯鞘基部稍宽，端部逐渐变窄，末端圆钝，鞘毛密集、短直。

雄虫：未知。

正模：♀，浙江临安西天目山禅源寺，30°19′26″N，119°26′21″E，481 m，2014. Ⅳ.15，刘婷，余欣杰。

副模：2♀♀，浙江临安西天目山禅源寺，30.323°N，119.412°E，405 m，2021. Ⅳ.17，李泽建，刘萌萌。

词源：本种种加词指其前翅亚端部具烟褐色横带。

分布：浙江（天目山）。

鉴别特征：本种与台湾分布的 *R. taiwana* (Shinohara, 1983) 最近似，但本种翅基片橘褐色，小盾片后缘和两侧具多列刻点，腹部第 1 背板中部具粗大刻点和细刻纹等，与该种不同。

二、三节叶蜂科 Argidae

485 浙闽三节叶蜂，新种 *Arge zheminnica* Wei, sp. nov.

雌虫： 体长 9 mm；体和足黑色，具稍弱的金属蓝色光泽，头部混杂部分铜绿色光泽，触角鞭节黑褐色；后足基节端半部、后足转节、后足股节基部 1/5、后足胫节背侧基部 2/5 和腹侧基部 3/5 黄褐色，前中足胫跗节背侧黑褐色，腹侧浅褐色；腹部第 2 背板气门附近小斑和各节腹板后缘狭边白色；体毛银色，鞘毛黑褐色；前翅近透明，翅痣下侧具烟褐色横带斑，向后缘逐渐变弱，前缘脉后侧和 Sc+R 脉前侧、R1 脉大部浅褐色，翅痣和其余翅脉大部黑褐色。

唇基上区两侧坡具稍明显的细小刻点，小盾片、后小盾片和中胸前侧片下半部高度光滑，头胸部背侧其余部分具极细弱小刻点，光泽较强；腹部第 1 背板后半部具明显的微细刻纹，其余背板光滑无刻纹。

唇基平坦，前缘具深弧形缺口；复眼下缘间距等于复眼长径，颚眼距 0.4 倍于中单眼直径；唇基上区中纵脊显著，与侧脊连接；中窝深，底部具深纵沟连通额盆，侧脊锐利且长，中部弱弧形外弯；额盆狭窄，额脊明显；单眼后沟细，明显弯曲；单眼后区宽长比约等于 3，明显下倾；背面观后头两侧明显收缩；触角微长于胸部，第 2 节长大于宽，第 3 节等长于中胸背板，中部稍弯曲，亚端部微弱膨大。小盾片圆钝隆起，中部稍高；淡膜区间距 0.35 倍于淡膜区长径；中后足胫节各具 1 个亚端距；后足胫节稍长于跗节，基跗节稍长于其后 3 个跗分节之和；前翅 R+M 脉段稍长于 Sc 脉游离段，Rs 脉第 3 段长 1.6 倍于第 4 段，2Rs 室稍长于 1Rs 室，前后缘等长，3r-m 脉均匀弧形弯曲，cu-a 脉交于 1M 室下缘中部，基臀室封闭；后翅臀室封闭，臀室柄长 0.8 倍于臀室，3 倍于 cu-a 脉长，cu-a 脉垂直，外侧赘柄极短。腹部第 7 腹板中突短小，两侧缘平直；侧面观锯鞘明显短于后足股节，亚基部稍凹入，端部钝尖；背面观锯鞘各叶长稍大于宽，外缘鼓出，内圆弧形凹入，中部互相远离；锯腹片较宽大，背缘平直，端部圆钝，节缝刺毛带显著；基部锯刃低三角形倾斜突出，中端部锯刃连续，亚基齿细小。

雄虫： 体长 6.8 mm；体色和刻纹与雌虫几乎相同，仅触角鞭节黄褐色，头部额区至触角窝间区域刻纹较明显；中窝间侧脊高，上缘几乎封闭，以浅弱缺口与额区连接；唇基前缘缺口窄深弧形，颚眼距 0.4 倍于单眼直径；后头较短，两侧缘显著收缩，触角柄节宽大于长，鞭节约等长于腹部，具长毛；前翅 Rs 脉第 3 段几乎等长于第 4 段；下生殖板宽大于长，端缘钝截形；抱器长明显大于宽，端部圆钝；阳茎瓣头叶窄，弯钩形，尾叶短，侧突上翘。

正模：♀，浙江泰顺乌岩岭白云尖，27.713°N，119.648°E，1 498 m，2023. Ⅳ .10，张海龙。

副模：1♂，福建武夷山黄岗山，2 158 m，2004. Ⅴ .20，张少冰。

词源：本种以模式标本产地命名。

分布：浙江（乌岩岭），福建（武夷山）。

鉴别特征：本种体毛淡色，后足胫节部分白色，股节基部具白斑，隶属于 *Arge yangi* group，并与线斑淡毛三节叶蜂 *Arge lineotibialis* Wei, 1998 较近似，但本种雌虫颚眼距等于单眼半径，雄虫颚眼距线状；两性中窝侧脊较高；触角第 3 节亚端部仅稍膨大，前翅翅痣下烟色横带在 2M 室不中断；锯鞘端较短，端部圆钝，锯刃低平；阳茎瓣头叶弯钩形等，与后者明显不同。

浙闽三节叶蜂，新种 ***Arge zheminnica* Wei, sp. nov.**

a. 雌虫头部背面观；b. 锯鞘侧面观；c. 锯腹片；d. 雌虫触角；e. 雌虫头部前面观；f. 锯鞘背面观；g. 雄虫触角；h. 锯腹片第 3~5 锯刃；i. 生殖铗；j. 阳茎瓣。

浙闽三节叶蜂，新种 *Arge zheminnica* Wei, sp. nov.

486 细角似三节叶蜂，新种 *Cibdela tenuicornis* Wei, sp. nov.

雌虫： 体长 9.5~10 mm；体和足黑色，具强烈金属蓝色光泽，杂以弱紫色光泽，触角鞭节无光泽；前翅显著烟褐色，翅痣下具边界不清楚的深烟褐色斑，翅痣和翅脉黑褐色，后翅烟色较弱；体毛全部黑褐色。

头胸部具微细刻点，中胸前侧片下半部大部光滑，无刻点；腹部第 1 背板具微弱刻纹，其余背板光滑。体毛短于单眼直径。唇基平坦，前缘近似截形，仅中部具极浅弱弧形缺口；唇基上区圆钝鼓起，无中脊，唇基上沟显著；颚眼距 0.9 倍于单眼直径；复眼内缘向下几乎平行，间距约等于复眼长径；中窝深，侧脊短，较明显，额区向前收敛，中沟光滑，与中窝连通；单眼后区短小，向后强烈下沉，单眼后沟浅弱；背面观后头两侧圆钝，稍短于复眼；触角等长于胸部，第 2 节宽显著大于长，第 3 节亚端部侧扁，宽约 1.1 倍于第 2 节宽，端部收窄；小盾片后部高于前部，淡膜区间距等于淡膜区长径 1/2；前翅 R+M 脉等长于 1r-m 脉，2Rs 室长于 1Rs 室，上缘微长于下缘，3r-m 脉上部稍向外倾斜，cu-a 脉交于 1M 室中部外侧，端臀室等长于 1M 脉；后翅臀室柄 0.65 倍于臀室长，2.8 倍于 cu-a 脉长，cu-a 脉外侧赘柄显著；中足和后足胫节均无亚端距，后足基跗节稍膨大，稍长于其后 3 个跗分节之和。锯鞘侧面观腹端角显著，外缘斜直；背面观锯鞘端三角形，基部凹区大，内缘向外分歧；锯腹片基部宽于中端部，中部锯节节缝刺毛短粗、多列，端部背侧缺口深；中基部锯刃低平、显著倾斜，中部锯刃低平台状，端部锯刃强烈突出。

雄虫： 体长 8 mm；体色和构造与雌虫类似，但触角鞭节较直，具直立刺毛，中窝侧脊较长，前翅 R+M 脉稍短于 1r-m 脉，后翅臀室柄长约 2.5 倍于 cu-a 脉；下生殖板端部圆钝；抱器较窄，长宽比稍小于 2，端部圆钝，阳基腹铗内叶窄长；阳茎瓣头叶短宽，端缘显著倾斜，侧突短细，明显上翘，阳茎瓣尾细长。

正模： ♀，湖南涟源龙山，1999. Ⅴ. 9，张开健。

副模： 2♀♀，浙江天目山，1995，吴鸿；1♂，浙江莫干山，1990. Ⅵ. 18，徐俊；4♀♀，湖南道县都庞岭庆里源，25°29.540′N，111°23.158′E，370 m，2009. Ⅳ. 27，魏美才，熊正燕，郭程；1♀，湖南道县都庞岭空树岩，25°33′82″N，111°20′41″E，680 m，2000. Ⅵ. 23，李泽建；1♀，湖南莽山大塘坑，112°48.138′E，24°59.015′N，1 090 m，2007. Ⅵ. 14，杨青。

词源： 本种触角鞭节较细长，以此命名。

分布： 浙江（天目山），湖南（龙山、幕阜山、都庞岭、莽山）。

鉴别特征： 本种与黑翅似三节叶蜂 *Cibdela melanomala* Wei, 1999 近似，但前翅翅痣下斑暗于翅基部，触角较窄，鞭节最宽处仅稍宽于触角第 2 节，锯腹片端部锯刃较短，阳茎瓣头叶显著较短宽等，与之不同。

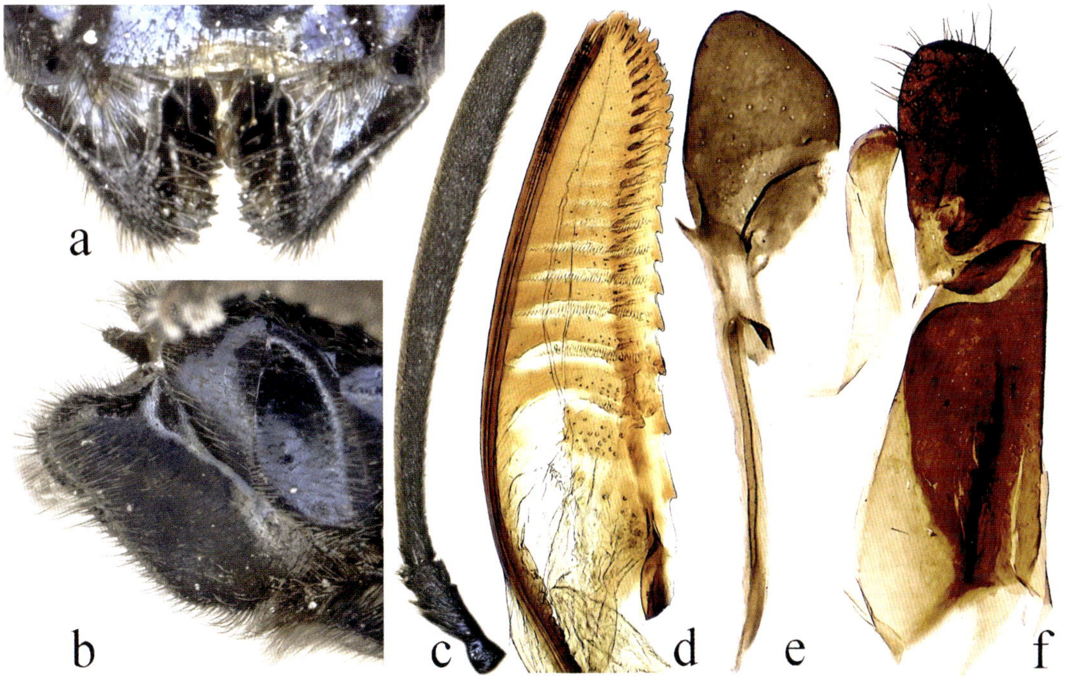

a. 锯鞘背面观；b. 锯鞘侧面观；c. 雌虫触角；d. 锯腹片；e. 阳茎瓣；f. 生殖铗（缺阳基腹铗）。

细角似三节叶蜂，新种 *Cibdela tenuicornis* Wei, sp. nov.

487 长斑似三节叶蜂，新种 *Cibdela elongatula* Wei, sp. nov.

雌虫： 体长 10 mm；体和足黑色，具强金属蓝色光泽，腹部杂以弱紫色光泽，触角鞭节光泽微弱；前翅深烟褐色，翅痣下深烟褐色斑伸至翅端部，翅痣和翅脉黑褐色，后翅烟色较弱；体毛全部黑褐色。

头部颜面以下部分具极微细刻点，头部背侧和胸部、腹部光滑，无刻点或刻纹，光泽强。体毛短于单眼直径。唇基平坦，前缘近似截形，仅中部具极浅弱弧形缺口；唇基上区隆起度低，无中脊，唇基上沟显著；颚眼距等宽于中单眼直径；复眼内缘向下明显收敛，间距 0.8 倍于复眼长径；中窝深，侧脊低矮，向前稍收敛，额区向前宽阔开放，与中窝连通；单眼后区短小，向后强烈下沉，单眼后沟模糊；背面观后头两侧强烈收窄，稍短于复眼；触角等长于胸部，第 2 节宽显著大于长，第 3 节基部细，亚端部强烈侧扁，宽约 2 倍于第 2 节宽，端部收窄，前缘纵脊锐利，背缘和腹缘纵脊低钝；小盾片后部稍高于前部，淡膜区间距 0.4 倍于淡膜区长径；前翅 R+M 脉稍长于 Sc 脉游离段，明显短于 1r-m 脉，2Rs 室长于 1Rs 室，上缘稍长于下缘，3r-m 脉上部向外鼓出，cu-a 脉交于 1M 室内侧 0.4，端臀室等长于 1M 脉；后翅臀室柄 0.68 倍于臀室长，2.1 倍于 cu-a 脉长，cu-a 脉垂直，外侧赘柄短；中足和后足胫节均无亚端距，后足基跗节不膨大，长 1.2 倍于其后 3 个跗分节之和。锯鞘侧面观无腹端角，外缘弧形；背面观锯鞘端长三角形，基部凹区大，内缘向外微弱分歧；锯腹片基部稍宽于中端部，中部锯节节缝刺毛粗长、多列，端部背侧缺口深；中基部锯刃明显倾斜，中部锯刃低平台状，端部锯刃强烈突出。

雄虫： 未知。

正模： ♀，浙江松阳。

词源： 本种前翅翅斑向翅端部显著延伸，以此命名。

分布： 浙江（松阳）。

鉴别特征： 本种锯鞘侧面观无腹侧角，前翅深烟褐色，翅痣下长大烟斑伸至前翅顶角，cu-a 脉交于 1M 室中部内侧，R+M 脉段明显短于 1r-m 脉，锯腹片亚基部仅具 3 个倾斜锯刃，节缝刺毛粗长等，与同属其他种类差别较大，容易识别。

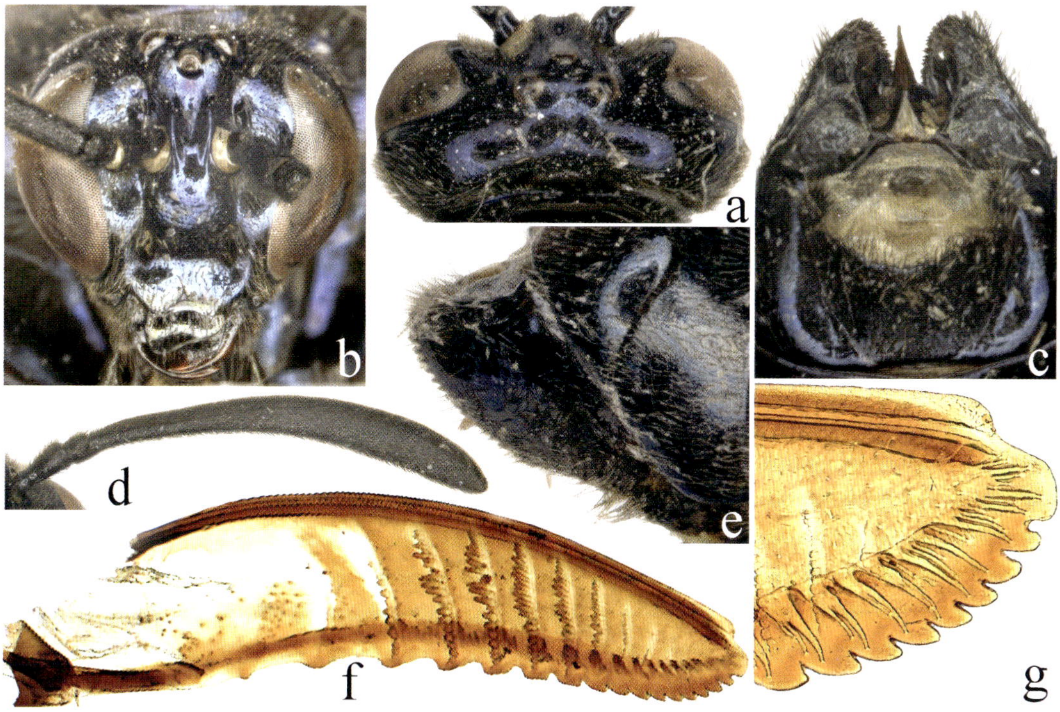

a. 头部背面观；b. 头部前面观；c. 第 10 背板和锯鞘背面观；d. 触角；e. 锯鞘侧面观；
f. 锯腹片；g. 锯腹片端部。

长斑似三节叶蜂，新种 *Cibdela elongatula* **Wei, sp. nov.**，雌虫，正模

488 丽水脊颜三节叶蜂，新种 *Sterictiphora lishui* Wei & Li, sp. nov.

雌虫：体长 6.5~7 mm；体和足黑色，无金属光泽，触角鞭节黑褐色，各足膝部和跗节腹侧褐色；体毛银色，鞘毛浅褐色；前翅端部 2/3 烟褐色，基部透明，翅痣和翅脉黑褐色；后翅近透明。

头部具细小稀疏刻点，凹部具细弱刻纹，上眶中部和中窝周缘光滑；中胸背板侧纵沟底部具细小刻点，脊纹不明显；小盾片前凹具细密刻纹和模糊短脊纹，小盾片两侧和后缘具稀疏粗大刻点，表面光滑；中胸前侧片上半部具稀疏浅弱刻点，刺毛密集，下半部大部光滑，腹板侧沟和中缝附近具刺毛带；中胸后上侧片具细密刻纹，后下侧片大部光滑；后胸后侧片具粗密皱脊纹，前侧片大部光滑；腹部背板光滑，腹板具细弱刻纹。

唇基前缘具深弧形缺口，上唇横宽；复眼下缘间距 1.5 倍于复眼长径，颚眼距 0.6 倍于单眼直径；中窝深，侧脊高；额区中部凹入；单眼中沟、后沟和单眼后区侧沟细浅，单眼后区宽长比约等于 4；背面观后头两侧圆钝，稍收缩；触角稍长于头宽，第 3 节较细，中部几乎不加宽，长 0.9 倍于头部宽；小盾片背侧倾斜，中部不鼓凸，最高点位于后端，前部无纵沟；胸部侧板无刺突；前翅 R+M 脉微长于 cu-a 脉，2Rs 室高大于长，3r-m 脉几乎垂直；后翅臀室柄约等长于 cu-a 脉，cu-a 脉微弱倾斜，外侧具长柄；后足胫节长于跗节，基跗节稍长于其后 3 个跗分节之和。第 7 腹板中突较小，腹板侧缘向后显著弧形突出；锯鞘末端窄截形；背面观锯鞘互相远离；锯背片节缝具 1 列刺毛，中部和基部几乎等宽；锯腹片狭长，具 28 个锯刃；中部锯刃近方形，腹缘中部稍凹。

雄虫：未知。

正模：♀，浙江龙泉凤阳山炉岙村，27.923°N，119.196°E，1 100 m，2023. Ⅳ. 17，李泽建，刘明轩。

副模：10♀♀，数据同正模；1♀，浙江龙泉凤阳山沙田村，27.924°N，119.183°E，756 m，2023. Ⅳ. 16，刘明轩；1♀，浙江泰顺乌岩岭乌岩尖，27.691°N，119.676°E，1 068 m，2023. Ⅳ .17，张海龙；2♀♀，浙江庆元巾子峰桃花廊，119.011°E，27.685°N，530 m，2023. Ⅳ. 10，李泽建，朱志成；1♀，浙江庆元巾子峰栖霞山庄，119.013°E，27.676°N，729 m，2023. Ⅳ. 10，李泽建，朱志成。

词源：本种以模式标本产地命名。

分布：浙江（百山祖、巾子峰、凤阳山、乌岩岭）。

变异：浙江庆元巾子峰 1 头副模标本的小盾片前部的刻点和刻纹较密集。

鉴别特征：本种与隆盾脊颜三节叶蜂 *Sterictiphora elevata* Wei, 1998 近似，但各足胫节和跗节黑褐色；中胸前侧片上半部刻点稀疏浅弱；小盾片较窄，后端较突出，刻点稀疏；触角鞭节较细，中部不明显加粗等，易于鉴别。

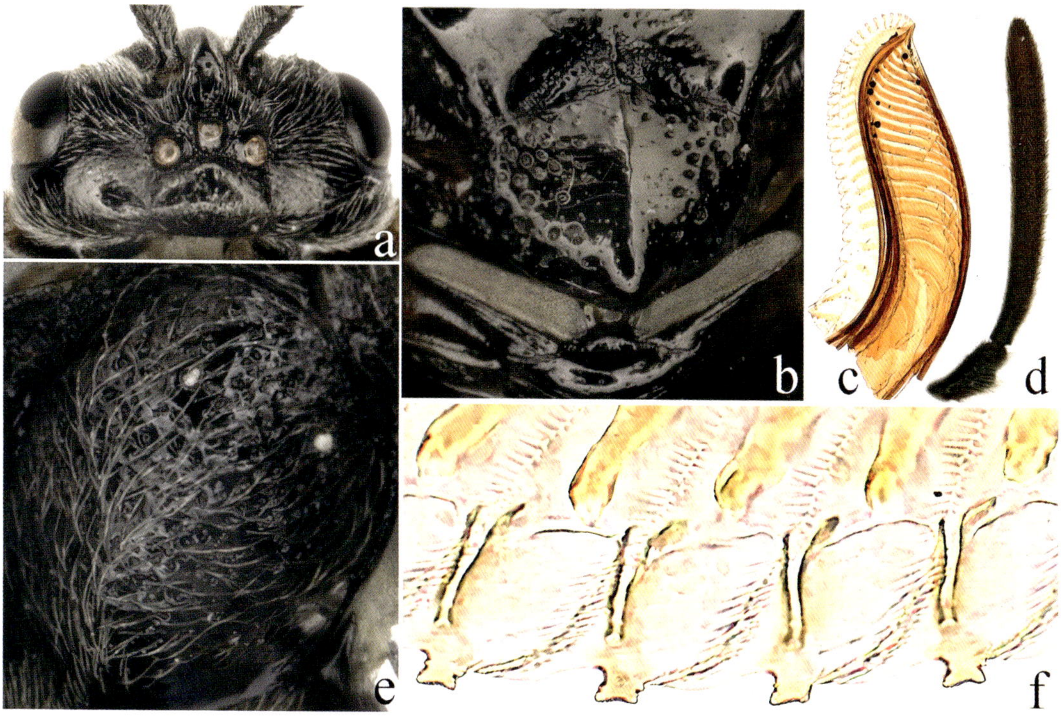

a. 头部背面观；b. 中胸小盾片和后胸淡膜区；c. 产卵器；d. 触角；e. 中胸前侧片；f. 锯腹片中部锯刃。

丽水脊颜三节叶蜂，新种 ***Sterictiphora lishui*** **Wei & Li, sp. nov.**，雌虫

489 天目片爪三节叶蜂，新种 *Yasumatsua tianmunica* Wei, sp. nov.

雌虫：体长 6 mm；体和足黑色，前足膝部、胫节和跗节背侧褐色，腹侧黄白色，中后足胫节除两端外和 1~3 跗分节黄白色，稍带绿色光泽；体毛银色，鞘毛浅褐色；翅均匀烟褐色，翅痣和翅脉暗褐色。

头部光滑，额侧沟底部、颚眼距、上颚基部具刻纹或模糊刻点；触角基部 2 节光滑，鞭节具细密刻纹；胸部高度光滑，光泽强，前胸背板凹部、中胸盾侧沟、小盾片前凹具粗大刻点和横脊纹，中胸前上侧片、胸腹侧片前片后侧、后上侧片大部具不规则横脊；腹部背侧和腹板光滑，背板两侧具稀疏刻点。

唇基前缘具极浅弱弧形缺口；上唇短宽，端部钝截形；复眼内缘向下稍收敛，间距 1.9 倍于复眼长径，颚眼距 1.2 倍于单眼直径；中窝短横沟形，侧脊显著；额区稍隆起，侧脊钝但明显；单眼中沟和后沟浅宽，单复眼距显著长于后单眼距，后单眼距微长于单眼

a. 头部背面和胸部前段背侧面观；b. 中胸和后胸侧面观；c. 锯腹片第 5~8 锯刃；d. 爪；e. 头部前面观；f. 后足胫节和跗节；g. 触角；h. 锯腹片。

天目片爪三节叶蜂，新种 *Yasumatsua tianmunica* Wei, sp. nov.，雌虫，正模

后头距；单眼后区稍隆起，宽长比约等于 3，侧沟浅弱模糊，向后微弱分歧；背面观后头约等长于复眼 1/2，两侧明显收缩；触角长 0.7 倍于前缘脉，柄节宽稍大于长，梗节宽长比约等于 2，鞭节明显弯曲，等长于头部背面宽；小盾片平台状隆起，向后显著收窄，侧脊钝棱形，后坡陡，高稍大于单眼直径；淡膜区间距 0.28 倍于淡膜区长径；中胸前侧片均匀鼓起，后上侧片长条形鼓起；后足胫节稍长于跗节，基跗节稍短于其后 4 跗分节之和；爪基片宽大，端部尖；前翅 R+M 脉稍长于单眼直径，2Rs 室背缘几乎 2 倍于腹缘，2r-m 脉弯曲，上端强烈外倾，cu-a 脉交于 1M 室下缘中部外侧，1M 脉不弯曲，端臀室稍长于 1M 脉；后翅臀室柄稍长于臀室，长约 4 倍于 cu-a 脉，cu-a 脉强烈倾斜，外侧具赘柄，赘柄不短于 cu-a 脉，Rs 和 M 室几乎等长，均稍短于臀室柄。第 7 腹板中突菱形；锯鞘稍露出于第 9 背板外，端缘钝截形；锯腹片宽大，具约 20 锯节，端部较钝，背缘具密毛，节缝刺毛带状；锯刃几乎平直，刃间段短小，强烈凹入，端部数节锯刃互相连接。

雄虫： 未知。

正模： ♀，中国浙江临安西天目山禅源寺，30°19.30′N，119°26.58′E，362 m，2015. Ⅳ. 8，刘萌萌，刘琳。

词源： 本种以模式标本产地命名。

分布： 浙江（天目山）。

鉴别特征： 本种与台湾分布的白胫片爪三节叶蜂 *Y. albitibia* Togashi, 1990 近似，但后足胫节明显长于跗节，第 1、第 2 跗分节全部白色；后翅 cu-a 脉强烈倾斜，外侧具长赘柄；唇基前缘缺口极浅弱弧形；额区前缘中部具显著瘤突，单复眼距显著长于后单眼距；前胸背板背侧平台凹部、胸腹侧片沟后侧、中胸后上侧片具粗大皱脊纹；小盾片平台状隆起等，与之不同。

片爪三节叶蜂属在中国大陆是首次报道，此前本属 3 种分别记录于日本、韩国和中国台湾。

三、锤角叶蜂科 Cimbicidae

490 凤阳丽锤角叶蜂，新种 *Abia fengyangshana* Yan & Wei, sp. nov.

雌虫：体长 11~13 mm。头胸部黑褐色，上唇和上颚端大部红褐色，触角黄褐色；腹部腹板黑棕色，2~6 节腹板后缘黄褐色，下生殖板、第 8 节背板后半部和第 9~10 节黄褐色，锯鞘端部黑褐色；翅透明、淡黄色，翅脉黄色，翅痣黄褐色，前翅翅痣下方具明显三角形烟褐色斑，烟褐色斑内翅脉黑色；足黄色，基节、转节和股节基部约 1/2 为黑色。体被细密银白色短绒毛，触角窝中间杂有黄褐色较长毛，第 9 背板下部具稀疏黑长毛，锯鞘边缘长毛向下渐变短、黄褐色。

体中型，较粗壮，具金属铜绿光泽，刻点密小、明显，唇基和唇基上区具弱光泽不明显刻点；单眼后区具明显刻点，间距较刻点直径小，复眼内边缘与后缘边刻点明显稀疏，表面具弱刻纹，光泽弱；中胸背板前叶刻点粗，间隙大于刻点直径，前叶与两侧叶连接处光滑，具光泽，小盾片刻点均匀细密，间隙小于刻点直径，光泽微弱；腹部第 1 背板刻点粗大均匀，第 2 背板刻点稀疏弱浅，具刻纹，光泽弱，第 3 背板中部具细密刻点，两侧大部具稀疏刻点、刻纹，第 4~7 背板具刻点，端部的中间刻点较稀疏，第 8 背板具不明显浅刻点，腹部腹板较光滑。

唇基较复眼下缘间距稍窄，前幕骨陷显著，与触角窝下缘间距为 1.6 倍中单眼直径，唇基上沟显著，颚眼距较中单眼直径稍大，唇基上区两前幕骨陷间隆起显著；背面观复眼间距约 1.2 倍于单眼后头距，额脊弧形微隆，眼后头发达，无颊脊；触角锤状部明显，第 7 节粗且长于第 6 节，具细分节痕迹。中胸背板隆起，具明显侧沟、中沟，侧沟和中沟相连处高度光滑，小盾片前缘平截形，前部陡峭隆起，后部缓降；淡膜叶长卵形，间距 2.2 倍于淡膜叶宽；后小盾片背部观不增厚，浅弧形；前翅臀室收缩中柄 0.4 倍于基臀室长。腹部第 1~7 背板每节后缘压陷显著，背板隆起，第 1 背板基部 1/2 左右具弱细中脊，端部消失；锯鞘侧面观平截，稍伸出锯鞘端部；锯腹片细长，40 锯刃，端部向上弯曲，呈细柳叶形；锯刃明显指状突出，中部锯刃内侧亚基齿 3~6 个，外侧亚基齿 3~4 个，基部 1 齿较明显，端部齿稍小；刃间膜弧形突出，宽 3.9 倍于锯刃宽。

雄虫：未知。

正模：♀，浙江龙泉凤阳山官埔垟，27°55.153′N，119°11.252′E，838 m，2009. Ⅳ . 21，李泽建。

词源：本种以正模采集地命名。

分布：浙江（凤阳山）。

a. 头部前面观；b. 头部背面观；c. 触角侧面观；d. 胸部侧板；e. 胸部背板；f. 腹部侧面观；g. 腹部背面观；h. 后足侧面观；i. 锯背片；j. 锯腹片；k. 中部锯刃。

凤阳丽锤角叶蜂，新种 ***Abia fengyangshana*** **Yan & Wei, sp. nov.**

鉴别特征：本种体具金属铜绿光泽，腹部第 2~3 背板中部具刻点，两侧大部具明显刻纹，光泽弱；上眶仅内边缘刻点稍稀疏，表面具弱纹，光泽弱；中胸背板前叶与两侧叶连接处光滑，具光泽；小盾片刻点均匀细密，间隙大于刻点直径，光泽微弱，可以与近缘种类鉴别。

491 云山细锤角叶蜂，新种 *Leptocimbex yunshanus* Yan, Li & Wei, sp. nov.

雌虫： 体长 21~23 mm；头部和腹部大部黄褐色，单眼区斑、复眼顶上角斑、内眶上部斜方斑、腹部第 1 背板基缘、第 2 背板大部、第 4~5 背板中央倒三角形斑、第 6~8 背板基缘细横带、第 1~5 腹板中部及两侧、第 6~8 腹板中部、锯鞘等黑色；胸部大部黑色，前胸背板后缘宽带、翅基片、中胸小盾片及侧脊黄色；足大部黑色，前足股节端部约 3/4、中足股节端部约 1/4（腹侧长于背侧）、前中足胫跗节、后足跗节均为黄色，后足胫节背侧条斑黑褐色；体被金色短毛，小盾片后部杂以黑色细毛，锯鞘具密集直立黑色刺毛；前翅大部浓烟褐色，端半部的后侧透明，后翅淡烟黄色，翅痣和大部翅脉浅褐色。

头部背侧刻点不明显，表皮刻纹致密，具较弱光泽；上唇、唇基和唇基上区较光亮，刻纹微弱；前胸背板具细密刻纹，中胸背板具细密刻纹，光泽微弱；中胸小盾片刻点浅弱，刻纹较模糊，具明显光泽；后胸小盾片光亮，具稀疏刻点，不具刻纹，后背板高度光滑；中胸侧板刻点不明显，粗糙刻纹致密，大部无光泽，后侧片后缘光泽明显；后胸侧板大部刻纹致密；中胸腹板刻纹细密，中缝附近刻纹较弱；腹部第 1 背板大部光滑，后缘具细弱刻纹；其余背板刻纹致密，无刻点，光泽暗淡；腹部腹侧较光亮，刻纹稍弱。

上唇无中纵脊，两侧缘稍上翘，前缘偏三角形，宽大于长；唇基前缘缺口浅弧形，颚眼距约 3 倍于中单眼直径，0.5 倍于复眼长径；复眼内缘往下稍微收敛，下缘间距约等于复眼长径；额区稍低于复眼平面，额脊低钝；中窝浅小，不深于侧窝，中窝底部纵沟不显著；侧窝小，近圆形；触角窝上突十分短小、低钝，与额脊逐渐融合；单眼中沟明显，单眼后沟浅弱；单眼后区长小于宽，中纵沟显著，侧沟向后微弱分歧；背面观后头两侧明显膨大；触角 7 节，长约 1.25 倍于胸部宽，第 7 节中部具模糊分节痕，宽约 3.5 倍于第 3 节中部宽，长约 1.5 倍于第 4、第 5 节。中胸背板前叶中沟和盾纵沟显著；中胸小盾片前坡较长，缓慢抬升，顶部圆钝隆起；后胸小盾片中部向后微弱延伸，淡膜区间距 2.5 倍于淡膜区长径；中胸前侧片中部具明显突出的斜脊；后足胫节内端距约 0.6 倍于后足基跗节长；前翅臀室亚基部横脉短且直。腹部第 1 背板中纵脊仅中部明显隆起，后段无，侧缘脊完整，纵贯背板全长，前部翘起；锯鞘短小，侧面观端缘圆钝；锯腹片具 47~49 锯刃，锯刃突出，两侧各具 1 个大齿突，中位齿突小，3 个。

雄虫： 未知。

正模： ♀，浙江龙泉凤阳山黄茅尖，119.186°E，27.893°N，1 929 m，2023. Ⅴ. 15，李泽建，刘玲娟。

副模： 1♀，浙江龙泉凤阳山黄茅尖，119.186°E，27.893°N，1 929 m，2023. Ⅴ. 15，李泽建，刘玲娟；1♀，湖南武冈云山中门山，26°39.003′N，110°37.46′E，1 181 m，2011. Ⅴ. 19，魏美才，牛耕耘；1♀，广西花坪保护区天坪山，109°54′50"E，25°38′12"N，

a. 头部背面观；b. 头部前面观；c. 胸部背板和腹部第 1 背板；d. 胸部侧板；e. 触角侧面观；
f. 锯鞘侧面观；g. 锯腹片；h. 中部锯刃。

云山细锤角叶蜂，新种 *Leptocimbex yunshanus* Yan, Li & Wei, sp. nov.

2023. Ⅴ. 26–30，李晓，肖艺。

词源： 新种以云山命名，湖南云山是本种发现的第 1 头标本采集地。

分布： 浙江（凤阳山），湖南（云山），广西（龙胜）。

变异： 本种腹部第 3 背板两侧黄斑大小有变化，湖南云山的标本第 3 背板大部和中胸前上侧片黑色；凤阳山 1 头标本的后足胫节基部黄褐色。

鉴别特征： 本种与莫氏细锤角叶蜂 *Leptocimbex mocsaryi* Malaise, 1939 最近似，但后胸小盾片和中胸后侧片全部黑色，中胸背板中部无"Y"形黄褐斑，头部内眶上部具斜方斑，内眶不全部淡色；中胸前侧片中部斜脊强烈隆起，后胸小盾片顶部不明显突出，腹部第 1 背板中纵脊在中部较高，触角第 3 节显著长于第 4、第 5 节，中窝底部无深长纵沟等，与后者不同。

四、叶蜂科 Tenthredinidae

492 尖刃樱实叶蜂，新种 *Analcellicampa acutiserrula* Wei, sp. nov.

雌虫： 体长 5 mm；体大部分黑色，腹部 5~7 背板两侧、8~10 背板全部、端部 2~4 节腹板、产卵器黄褐色，触角鞭节腹侧暗褐色，尾须基部浅褐色，端部黑褐色；足黄黑色，前中足股节浅褐色，后足股节暗褐色至黄褐色；体毛银色；翅均匀烟褐色，翅痣和翅脉黑褐色。

头部具细密刻点和微细刻纹，表面具弱光泽；中胸背板前叶和侧叶刻点细小；小盾片大部分刻点稍大，间隙明显，两侧后部和盾侧凹光滑；中胸前侧片上部刻点十分细小、稀疏，光泽显著，腹侧光滑；后胸侧板具微弱刻纹；腹部背板具微弱但明显的刻纹，有光泽。

头、胸部细毛极短，短于单眼直径 0.2 倍。唇基前缘缺口三角形，深度约为唇基长的 1/4；颚眼距 0.6 倍于中单眼直径；侧窝浅纵沟形，中窝短横沟状，额区前部和中窝区域宽大，中部稍凹入，额脊模糊；复眼内缘向下微弱收敛，下缘间距宽于复眼长径；中单眼前凹浅，小圆形，无单眼中沟，单眼后沟宽浅，OOL：POL：OCL=9：8：5；单眼后区横形，后部稍隆起，宽长比约等于 3，侧沟缺；背面观后头两侧强烈收缩；触角约等长于胸部，显著短于前翅 C 脉，第 3、第 4 节长度比为 1.2，第 8 节长宽比为 2.2，第 9 节稍长于第 8 节。小盾片平坦，附片中部微长于单眼直径；中胸前侧片中部不隆起，胸腹侧片光裸、平滑，胸腹侧片缝不明显；后足胫节长 1.1 倍于跗节，基跗节约等长于其后 3 跗分节之和，爪无内齿；前翅 Sc 脉游离段位于 1M 脉上端内侧，cu-a 脉中位；后翅 2A 脉 1.5~1.8 倍于 cu-a 脉长。产卵器约等长于后足股节，锯鞘端稍长于锯鞘基，端部窄圆，腹缘弱弧形上弯，背缘中部稍凹；尾须稍扁，长度与中部宽度之比约等于 5，端部未伸至锯鞘末端；背面观锯鞘亚基部微弱膨大，宽约 3 倍于尾须；锯腹片具 15 个锯刃，基部 4 节缝明显骨化，端部无节缝；锯刃明显倾斜突出，中端部锯刃内侧十分尖锐，具 5~8 枚明显的外侧亚基齿。

雄虫： 体长 3.5 mm；类似于雌虫，但腹部黑褐色，仅下生殖板大部黄褐色；下生殖板长大于宽，端部钝截形；抱器宽显著大于长，明显倾斜；阳茎瓣十分狭长，具细长膜质的端突，无粗壮短刺毛，具十分微小的小刺突。

正模： ♀，湖南武冈云山电视塔，26°38.630′N，110°37.299′E，1 380 m，2012. Ⅳ . 9，李泽建，潘载扬。

副模： 6♀♀，湖南武冈云山电视塔，26°38.630′N，110°37.299′E，1 380 m，2011. Ⅳ . 14，

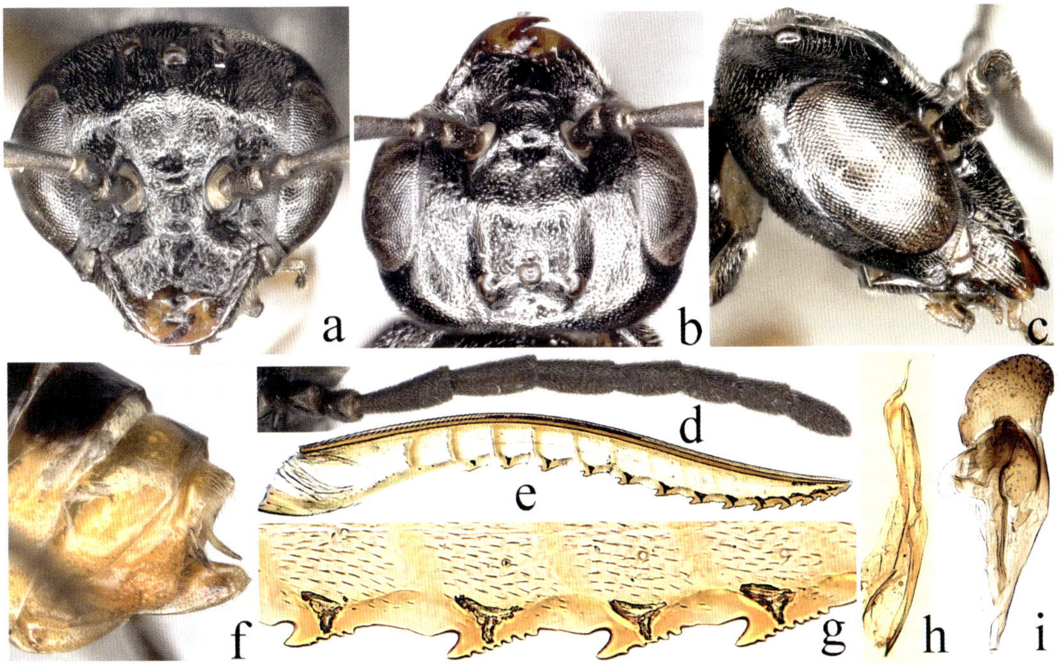

a. 雌虫头部前面观；b. 雌虫头部背面观；c. 雌虫头部侧面观；d. 雌虫触角；e. 锯腹片；f. 腹部端部侧面观；g. 中部锯刃；h. 阳茎瓣；i. 生殖铗。

尖刃樱实叶蜂，新种 *Analcellicampa acutiserrula* **Wei, sp. nov.**

李泽建，魏力；4♀♀，湖南武冈云山电视塔，26°38.630′N，110°37. 299′E，1 380 m，2019. Ⅳ，刘舒歆，张瑶瑶；1♀1♂，浙江丽水白云森林公园陈寮，800 m，2020. Ⅱ . 25，李泽建；2♀♀，陕西丹凤巩家河，2019. Ⅲ . 13，张宁，唐星雨。

词源： 本种锯腹片中端部锯刃内角尖锐，以此命名。

分布： 陕西（丹凤），浙江（丽水），湖南（云山）。

鉴别特征： 本种头胸部黑色，腹部仅端部 2 节背板和 2~4 节腹板黄褐色，锯刃尖锐，与同属其他已知种均不相同，容易鉴别。

寄主植物： 迎春樱桃 *Prunus discoidea*。

493 青鸾樱实叶蜂，新种 *Analcellicampa qingluan* Wei, sp. nov.

雌虫：体长 4.2~4.5 mm；头部黑色，唇基大部、上唇、上颚大部和口须黄褐色，触角鞭节腹侧褐色；胸部背侧黑色，腹侧黄褐色，前胸侧板和腹板、中胸后上侧片黑色，前胸背板大部黄褐色；腹部黄褐色，1~5 背板大部黑色；足全部黄褐色；体毛银色，鞘毛褐色；翅透明，Sc+R、M+Cu 脉主干黄褐色，前缘脉和翅痣浅褐色，暗于 Sc+R 脉。

头部具细密刻点和微细刻纹，表面具弱光泽，唇基光泽较明显；中胸背板前叶和侧叶刻点细小；小盾片大部分刻点稍大，间隙明显，两侧后部和盾侧凹光滑；中胸前侧片刻点十分细小、稀疏，光泽显著；后胸侧板具微弱刻纹；腹部背板具微弱但明显的刻纹，有光泽。

头、胸部细毛极短，短于单眼直径 0.2 倍。唇基前缘缺口三角形，深度约为唇基长的 1/3；颚眼距 0.6 倍于中单眼直径；侧窝浅纵沟形，中窝模糊横沟状，额区前部和中窝区域宽大，中部稍弯折，额脊模糊；复眼内缘向下微弱收敛，下缘间距明显宽于复眼长径；中单眼无前凹浅，具环单眼沟，无单眼中沟，单眼后沟宽浅；单眼后区横形，后部稍隆起，宽长比约等于 3，侧沟缺；背面观后头两侧强烈收缩；触角约等长于胸部，显著短于前翅 C 脉，第 3、第 4 节长度比为 1.2，第 8 节长宽比为 2.4，第 9 节稍长于第 8 节。小盾片平坦，附片中部稍短于单眼直径 2 倍；中胸前侧片中部不隆起，胸腹侧片上部 2/5 具细小刻点和刺毛，下部 3/5 光裸、平滑，胸腹侧片缝印痕状，十分明显；后足胫节长 1.1 倍于跗节，基跗节约等长于其后 3 跗分节之和，爪无内齿；前翅 Sc 脉游离段位于 1M 脉上端内侧，cu-a 脉中位偏外侧；后翅 2A 脉 2.5 倍于 cu-a 脉长。产卵器约等长于后足股节，锯鞘端稍长于锯鞘基，端部窄圆，腹缘弱弧形上弯，背缘中部微鼓；尾须细长，不侧扁，长度与中部宽度之比等于 9~10，端部伸至锯鞘末端；背面观锯鞘亚基部微弱膨大，宽约 3.5 倍于尾须；锯腹片具 16 个锯刃，节缝 12 个，基部节缝较明显，端部无节缝；锯刃明显倾斜突出，中端部锯刃内侧十分突出，但顶端不尖锐，具 6~8 枚明显的外侧亚基齿。

雄虫：体长 3.5~3.8 mm；体大部黑色，触角鞭节腹侧浅褐色，上颚大部和口须污褐色，下生殖板大部黄褐色；足褐色，基节、转节和股节大部黑褐色，股节端部浅褐色；前翅前缘脉褐色，翅痣浅褐色，其余翅脉暗褐色；下生殖板长大于宽，端部钝截形；抱器背缘短直，腹缘弧形鼓出，副阳茎十分窄长；阳茎瓣狭长，头叶无端突，端部具密集粗大齿突，齿突向基部逐渐变小。

正模：♀，浙江庆元左溪镇芳村，27.586°N，119.365°E，698 m，2022. Ⅲ . 9，李泽建。

副模：4♀♀，采集数据同正模；1♀，浙江天目山仙人顶，119°25′25″E，30°20′58″N，1 443 m，2014. Ⅳ .14，聂海燕，胡平；15♀♀，陕西丹凤棣花镇巩家河，110°10′56″E，

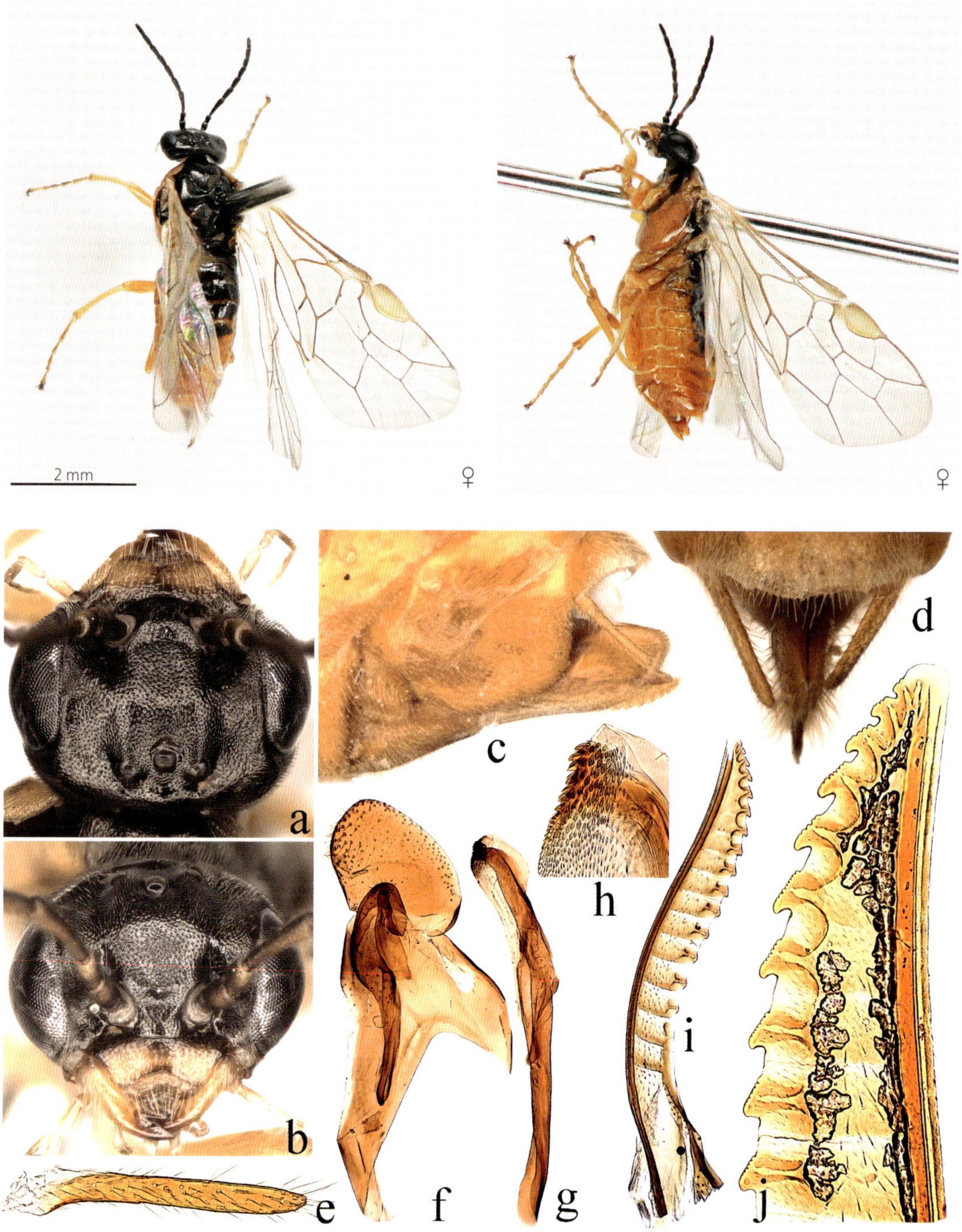

a. 雌虫头部背面观；b. 雌虫头部前面观；c. 锯鞘和尾须侧面观；d. 锯鞘和尾须背面观；e. 尾须；f. 生殖铗；g. 阳茎瓣；h. 阳茎瓣端部齿突群；i. 锯腹片；j. 锯腹片端半部。

青鸾樱实叶蜂，新种 *Analcellicampa qingluan* Wei, sp. nov.

33°44′44″N，651 m，2019. Ⅲ . 9–12，张宁，唐星雨；10♀♀，湖北十堰樱桃沟，110°47′56″E，32°45′35″N，320 m，2019. Ⅲ . 16–18，刘琳，张泽文，刘舒歆，章瑶瑶；5♀♀，江西修水布甲乡太阳村，2019. Ⅲ . 15，魏美才，杨继云。

词源：本种以中国传说中的神鸟青鸾命名。

分布：浙江（天目山、庆元），陕西（丹凤），湖北（十堰），江西（修水）。

鉴别特征：本种与黄褐樱实叶蜂 *A. xanthosoma* Wei & Niu, 2019 最近似，但中胸背板几乎全部黑色，腹部 1~4（~5）背板背侧黑色；雌虫下生殖板中突明显高于侧叶；翅痣和前缘脉浅褐色，暗于 Sc+R 脉；锯腹片亚端部锯刃内侧较尖等，易于鉴别。

寄主植物：华中樱桃 *Prunus conradinae*、迎春樱桃 *Prunus discoidea*、浙闽樱桃 *Prunus schneideriana*。

494 歧沟侧齿叶蜂，新种 *Neostromboceros sulcidivergens* Wei, sp. nov.

雌虫：体长 7.5 mm；体黑色，无金属光泽；上唇、前胸背板后缘窄边、中胸前上侧片白色，口须大部浅褐色，前中足基节端部、后足基节端半部、各足转节、各足股节末端、前中足胫节除腹侧条斑外、后足胫节大部黄白色，后足胫节端部黑褐色，各足跗节端部黑褐色；翅浅烟灰色透明，翅痣和翅脉黑褐色；体毛银色，鞘毛褐色。

体光滑，唇基具浅弱刻点，小盾片后缘具 1 列不规则刻点，虫体其余部分无明显刻点或刻纹。唇基短，端缘截形。上唇半圆形；上颚端半部强烈弯曲；颚眼距线状，宽 0.2 倍于单眼直径；复眼较大，内缘向下明显收敛，间距稍窄于复眼长径；后颊脊不明显，具口后脊；额区椭圆形，额脊低钝，前部稍低；额区两侧无纵沟连接上侧窝与单眼后区侧沟；中窝短横沟形，与触角窝边缘之间具明显斜脊；侧窝 1 对，几乎连接；单眼中沟明显，单眼后沟缺，前单眼围沟细浅；POL : OOL : OCL=3 : 7 : 7；单眼后区宽显著大于长，几乎不隆起；侧沟显著，长 1.3 倍于单眼直径，向后强烈分歧，不伸过单眼后区中部；背面观后头约等于单眼直径 2.5 倍，两侧明显收缩；触角长 1.2 倍于腹部，鞭节中部几乎不粗于基部，中部不侧扁，端部细长，第 3、第 4 节长度比为 1.15，第 8 节长宽比约等于 3。中胸小盾片平坦，前缘倒“V”形沟深；胸腹侧片隆起，胸腹侧片缝沟状；后胸淡膜区间距 1.4 倍于淡膜区长径；后足基跗节等长于其后 4 节之和；爪基片锐利，内齿明显短于外齿；前翅 R+M 脉段显著短于 1r-m 脉，Rs+M 脉基部角状反曲，无赘脉；Rs 脉第 1 段完全缺失，2r 脉交于 2Rs 室上缘外侧 0.4，2Rs 室长于 1Rs 室，外下角显著尖出，cu-a 脉位于 1M 室下缘中部外侧；后翅 Rs 与 M 室正常，Rs 室不接近 Sc+R 脉，臀室无柄式，cu-a 脉远离臀室端部。锯鞘背面观狭三角形，端部稍尖，基部收窄；侧面观锯鞘短于后足基跗节，腹缘直，端部窄圆；锯腹片端部尖长，具 5 个中等大翼突距和 6 个近腹缘距，翼突距与近腹缘距间具 2 列长刺毛，背缘膜不突出，近腹缘距腹缘平直、光滑，内角尖锐。

雄虫：未知。

正模：♀，浙江天目山，1996. V，吴鸿。

词源：本种单眼后区侧沟向后强烈分歧，以此命名。

分布：浙江（天目山）。

鉴别特征：本种与长室侧齿叶蜂 *Neostromboceros dolichocellus* Wei, 2003 近似，但本种后足胫节端部黑色，单眼后区宽短，侧沟短直，向后强烈分歧，触角长于腹部，锯腹片端部尖长，近腹缘距和锯刃之间具 2 列长刺毛，锯刃腹缘平滑，内角尖等，与后者明显不同。

a. 头部背面观；b. 锯鞘侧面观；c. 锯腹片端半部；d. 锯鞘背面观；e. 触角。

歧沟侧齿叶蜂，新种 *Neostromboceros sulcidivergens* Wei, sp. nov.，雌虫，正模

495 黄头长背叶蜂，新种 *Strongylogaster fulviceps* Wei & Niu, sp. nov.

雌虫： 体长 11~12 mm；体橘褐色，头部在触角窝以下部分、触角基部 2 节、腹部 2~7 背板后缘狭边、2~7 腹板后缘狭边、各足基节除基缘外、转节、前中足股节端半部、后足股节端部 5/6、各足胫节基部 1/3 弱黄白色，触角鞭节中端部、触角窝外侧沟、单眼中沟和后沟、侧沟、上颚端部、前胸背板两侧大斑、前胸侧板后缘、前胸腹板大部、中胸背板侧叶 1 大 1 小纵斑、小盾片后缘斑、后小盾片大部、中胸后侧片中上部、后胸后侧片中部、各足基节基缘、前中足股节基部 2/5、后足股节基部 1/6、后足胫节端部 2/3 和后足跗节全部黑色，腹部 1~7 背板基部 3/4 左右、锯鞘端和侧叶暗褐色；体毛黄褐色，鞘毛褐色；翅弱烟黄色透明，翅痣大部和前缘脉黄褐色，翅痣基部和其余翅脉大部黑褐色。

额区前部刻点粗大、密集，内眶上部和上眶具稀疏粗大刻点，头部其余部分刻点细小模糊；前胸背板背侧平台具粗大密集刻点；中胸背板大部光滑，前叶两侧和小盾片具稀疏大刻点，表面光滑；中胸前侧片上半部具稀疏大刻点，刻点间隙宽大、光滑；后侧片和后胸侧板具细刻纹；腹部 1~2 背板刻纹较弱，其余背板均具细密刻纹；锯鞘基部光滑，端部和耳形突前侧刻点较密集。

唇基前缘缺口弧形，深约为唇基 1/4 长，上唇短小；额唇基沟浅弱，中窝小深；额区平坦，中部微凹，额脊模糊；单眼中沟稍深，后沟细浅；单眼后区微隆起，宽长比约等于 2，具微弱中纵沟；侧沟短，稍长于单眼直径，向后微弱分歧；后眶窄，后颊脊细低，伸至后眶中部；颚眼距约等于单眼直径的 0.9 倍；复眼内缘向下稍收敛，下缘间距稍大于复眼长径；背面观头部在复眼后的部分短于复眼 1/2，两侧弧形收缩；触角较粗，稍长于头胸部之和，明显短于腹部，第 1、第 2 节宽大于长，第 3、第 4、第 5 节几乎等长，端部鞭分节不明显短缩，第 8 节长宽比约等于 3.5。中胸背板前叶具细低中纵脊，小盾片的附片短小，中部长等于中单眼直径；中胸前侧片前缘具较窄但隆起的胸腹侧片，胸腹侧片缝沟状；后胸淡膜区间距宽于淡膜区长径；前足胫节内端距端部深分叉；后足胫节端距约等长于胫节端部宽，基跗节细，稍长于其后 3 跗分节之和；爪小型，内齿显著，明显短于外齿；前翅臀室无臀横脉，cu-a 脉交于 1M 室下缘中部稍偏外侧，2Rs 室长于 1Rs 室；后翅臀室无柄式。锯鞘约等长于中足胫节，锯鞘端具发达的耳形侧突和密集长毛；锯腹片稍骨化，基部宽，向端部迅速变尖，具明斑型节缝，表面具密集短刺毛；锯刃规则，内侧尖，具细小亚基齿。

雄虫： 未知。

正模： ♀，浙江庆元巾子峰桃花廊，119.011°E，27.685°N，530 m，2023. Ⅳ . 10，李泽建，朱志成。

副模： 1♀，数据同正模；1♀，江西马头山昌坪站，290 m，2018.04.10，盛茂领；

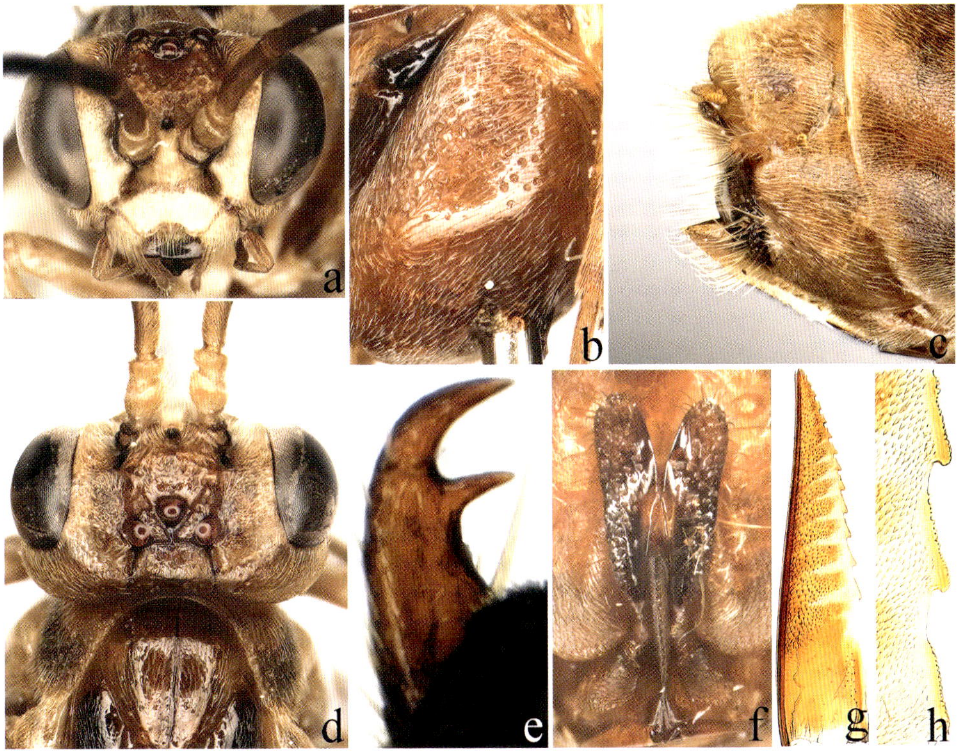

a. 头部前面观；b. 中胸前侧片；c. 锯鞘侧面观；d. 头部和胸部前端背面观；e. 爪；f. 锯鞘后腹面观；g. 锯腹片；h. 锯腹片第 1~3 锯刃。

黄头长背叶蜂，新种 *Strongylogaster fulviceps* Wei & Niu, sp. nov.，雌虫

1♀，湖南道县庆里源溪边，111°21.564′E，25°29.200′N，500 m，2008. Ⅳ .24，赵赴；1♀，湖南高泽源双峰山，111°15.438′E，25°23.009′N，664 m，2008. Ⅳ . 26，王德明。

词源：本种头部黄褐色，以此命名。

分布：浙江（百山祖），江西（马头山），湖南（都庞岭、双峰山）。

鉴别特征：本种与黄褐长背叶蜂 *S. fulva* Naito & Huang，1988 很近似，但本种头部黄褐色，鞭节基部浅褐色，颚眼距稍窄于单眼直径，可与后者鉴别。

496 亚兰长背叶蜂，新种 *Strongylogaster yalanae* Wei, sp. nov.

雌虫： 体长 8 mm；体主要黑色，口须污褐色，前胸背板背侧宽平台、翅基片、腹部 2~8 节背板后缘狭边和 2~5 腹板后缘狭边、后足基节端部、前中足股节端部 1/3 弱、后足股节端半部、前中足胫节基端、后足胫节基部 1/3 黄白色，腹部第 3、第 4 背板中部黄褐色，前中足胫节大部、后足胫节端部 2/3、各足跗节基部浅褐色，跗节端部暗褐色；体毛浅褐色，鞘毛暗褐色；翅透明，基部翅脉黄褐色，向外渐变黑褐色，翅痣黑褐色。

唇基、额区前半部刻纹致密，内眶、后眶下部和唇基上区刻纹显著但稍弱，额区后部、上眶和单眼后区光滑；前胸背板沟前部光滑，沟后部具细刻纹；中胸背板大部光滑，小盾片两侧具数枚小刻点，后缘具 1 列小刻点；中胸前侧片光滑，具十分稀疏的短小刺毛，无光滑宽带；后侧片后缘和后胸侧板周缘具稍细密的刻纹；腹部 1~9 背板均具细密弱刻纹，第 10 背板、各节腹板刻纹较弱，锯鞘端光滑。

唇基前缘近似截形，无明显缺口；上唇短小，横宽；额唇基沟细浅，中窝十分浅平；额区平坦，侧额脊直，向外强分歧，前缘脊较低，弓状弯曲；单眼中沟和后沟明显；单眼后区中部隆起，宽长比约为 2.5，具微弱中纵沟；侧沟短，约等长于单眼直径，向后稍分歧；后眶窄，后颊脊较低，伸至后眶中部；颚眼距约等于单眼直径的 0.7 倍；复眼内缘向下稍收敛，下缘间距稍大于复眼长径；背面观头部在复眼后的部分短于复眼 1/2，两侧弧形收缩；触角较细，长约等于头胸部之和，第 1 节宽大于长，第 2 节宽长比约等于 2，第 3 节 0.8 倍于第 4 节，端部鞭分节不明显短缩，第 8 节长宽比约等于 4。中胸背板前叶具细低中纵脊，小盾片的附片宽大，中部长 2 倍于中单眼直径；中胸前侧片前缘具较窄但隆起的胸腹侧片，胸腹侧片缝深沟状；后胸淡膜区间距宽于淡膜区长径；前足胫节内端距端部不对称分叉；后足胫节端距不长于胫节端部宽，基跗节细，稍短于其后 4 跗分节之和；爪小型，无内齿；前翅臀室无臀横脉，cu-a 脉交于 1M 室下缘中部稍偏外侧，2Rs 室长于 1Rs 室；后翅臀室无柄式。锯鞘稍长于后足基跗节，锯鞘端三角形，微长于锯鞘基，端部尖；背面观锯鞘端向端部稍收窄，端部窄圆，无分支和耳状突叶；锯腹片稍骨化，具明斑型节缝，锯刃不规则。

雄虫： 未知。

正模： ♀，浙江临安天目山南大门，119.44°E，30.36°N，380 m，2019. Ⅲ. 25–Ⅳ. 9，叶岚，李泽建。

副模： 1♀，浙江庆元巾子峰栖霞山庄，119.013°E，27.676°N，729 m，2023. Ⅳ. 10，李泽建，朱志成；1♀，浙江临安天目山禅源寺，119°26′28″E，30°19′30″N，366 m，2021. Ⅲ. 25，成亚兰，李亚；1♀，LSAF23012，浙江庆元巾子峰栖霞山庄，119.013°E，27.676°N，739 m，2023. Ⅳ. 2，朱志成，酒精；1♀1♂，LSAF24013，浙江泰顺司前镇

a. 头部前面观；b. 锯鞘背面观；c. 爪；d. 锯鞘侧面观；e. 触角；f. 锯腹片。

亚兰长背叶蜂，新种 *Strongylogaster yalanae* Wei, sp. nov.，雌虫

半山岗，119.767°E，27.668°N，339 m，2024. Ⅲ. 24，张海龙，酒精；1♀，LSAF24007，浙江泰顺司前镇半山岗，119.767°E，27.668°N，339 m，2024. Ⅲ. 20，张海龙，酒精；3♂♂，LSAF24014，浙江泰顺司前镇半山岗村，119.767°E，27.668°N，339 m，2024. Ⅲ. 25，张海龙，酒精；4♂♂，LSAF24016，浙江泰顺县乌岩岭半山岗，E.119.767°，N.27.668°，海拔 339 m，2024. Ⅲ. 27，张海龙，酒精。

词源：本种以第一个模式标本采集人之一的名字命名。

分布：浙江（天目山、百山祖、乌岩岭）。

鉴别特征：本种与中国台湾分布的南投长背叶蜂 *Strongylogaster nantouensis* Naito, 1990 比较近似，但本种前胸背板后缘宽带黄白色，后足转节黑褐色，后足胫节基部 1/3 黄白色，端部 2/3 浅褐色，颚眼距长于单眼半径，触角第 3 节短于第 4 节，爪无内齿等，容易鉴别。

497 凤阳短叶蜂，新种 *Rocalia fengyang* Wei, sp. nov.

雌虫： 体长 4.8 mm；体和触角大部黑色，唇基、触角基部 2 节、前胸背板沟后部、腹部 1~8 背板和腹板暗褐色，上唇、上颚基半部、口须、翅基片、各足几乎全部黄白色，跗节端部稍暗，锯鞘端浅褐色；体毛浅褐色；翅均匀烟褐色，翅痣和翅脉黑褐色。

头部大部光滑，额区和上眶具细微表皮刻纹，无刻点，单眼后区高度光滑；中下眼眶紧贴复眼边缘具多列粗大刻点，上眼眶具 1 列粗大刻点；胸部背板和侧板均高度光滑，无刻点或刻纹；腹部背板光滑。头部背侧和中胸背板光裸无毛，中胸前侧片上半部具稀疏刺毛。

唇基前缘中部具极浅缺口，几乎平截；颚眼距 0.6 倍于中单眼直径；复眼较大，内缘向下明显收敛，下缘间距 1.5 倍于复眼长径；中窝明显，横形，前缘具脊；额区平台状隆起，无侧额脊，前缘脊低钝，弧形；上眶内侧稍凹，近单眼处稍深；单眼中沟和后沟宽浅，单眼后区宽长比等于 5，后缘脊显著；后颊脊全缘式，上段较显著；触角丝状，长 1.5 倍于头宽，第 2 节长约等于宽，第 3 节明显长于第 4 节，第 8 节明显短于第 9 节，长宽比稍大于 2。中胸背板前叶均匀鼓起，中部无横脊；小盾片平坦，后部不强烈收窄，无刻点，无短刺毛；附片宽大，长 2.5 倍于中单眼直径；中胸前侧片无前缘脊，上部 1/4 稍凹；后足胫节稍长于跗节，基跗节稍长于其后 3 跗分节之和；爪基片宽大，内齿短小，贴近基片，外齿粗长，强烈弯折，长约 3 倍于内齿；前翅 1M 脉弧形弯曲，R+M 脉等长于 cu-a 脉，cu-a 脉交于 1M 室外侧 0.4，2Rs 室长于 1Rs 室。侧面观锯鞘端末端稍突出。

雄虫： 未知。

正模： ♀，浙江龙泉凤阳山沙田村，119.183°E，27.934°N，756 m，2023. Ⅳ . 15，李泽建，刘明轩。

词源： 本种以模式标本产地命名。

分布： 浙江（凤阳山）。

鉴别特征： 本种与四川分布的褐腹短叶蜂 *R. fusca* Naito & Huang, 1992 最近似，但本种唇基黑褐色，额区具细刻纹，触角长 1.5 倍于头宽，爪内齿贴近基片，长明显短于外齿 1/2，小盾片的附片长约 2.5 倍于中单眼直径等，容易与后者鉴别。

a. 锯鞘侧面观；b. 爪；c. 头部背面和胸部前端侧面观；d. 左上颚；e. 触角。

凤阳短叶蜂，新种 *Rocalia fengyang* Wei, sp. nov.，雌虫，正模

498 短唇斑腹叶蜂，新种 *Empria breviclypea* Wei, sp. nov.

雄虫： 体长 6.0 mm；体黑色，上唇浅褐色，前胸背板后缘、翅基片前外缘和淡膜区白色，腹部第 2 和第 3 背板两侧具显著白色膜斑，各节背板后缘狭边和 2~7 腹板后缘狭边白色；足黑色，前中足膝部、前中足胫节和跗节腹侧黄褐色，胫节背侧暗褐色，跗节背侧黑褐色，后足胫节暗褐色，跗节黑褐色；体毛银色；翅透明，翅痣和翅脉黑褐色。

唇基刻点稀疏，表面光滑，具强光泽；内眶大部、触角窝至单眼之间区域皱刻纹较弱，上眶和单眼后区大部光滑；前胸背板较光滑；中胸背板前叶大部和侧叶顶部具细小刻点，小盾片和附片刻点不明显，后胸背板光滑；中胸前侧片具浅弱稀疏刻点，后侧片和后

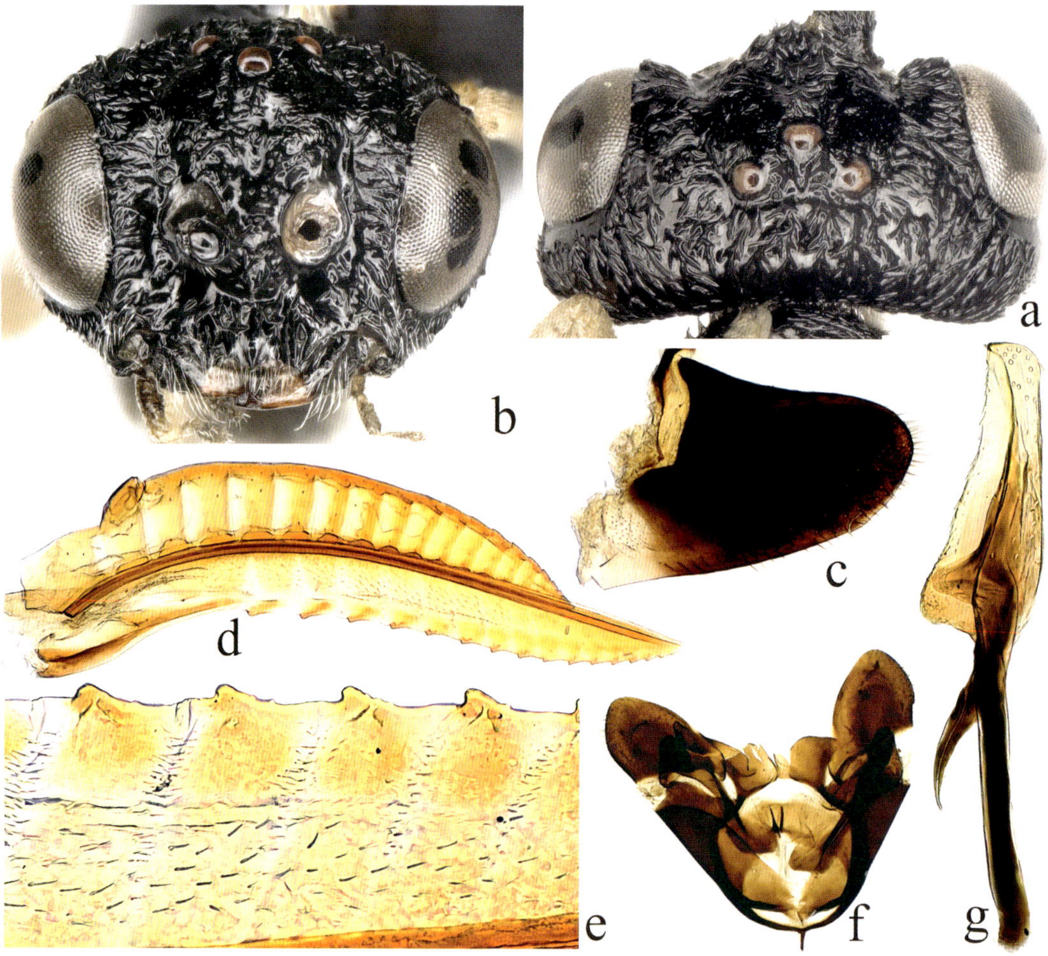

a. 雌虫头部背面观；b. 雌虫头部前面观；c. 锯鞘端侧面观；d. 产卵器；
e. 锯腹片中部锯节；f. 生殖铗；g. 阳茎瓣。

短唇斑腹叶蜂，新种 *Empria breviclypea* Wei, sp. nov.

胸侧板大部光滑；腹部各节背板均具极弱刻纹，有光泽。

唇基短小，中齿显著，几乎不短于侧齿；复眼下缘间距明显宽于复眼长径，颚眼距1.2倍于中单眼直径；中窝浅小，额区微弱隆起，中部无纵沟，额脊模糊，额侧沟显著；单眼中沟稍深，后沟细浅；单眼后区稍隆起，宽长比约等于2.8，侧沟细浅，向后明显分歧；后头短，两侧显著收缩，后颊脊明显，伸至后眶上端；触角粗丝状，约等长于腹部，第2节宽大于长，第3节等长于第4节，等长于复眼横径，长约3倍于宽，第8节长宽比约等于3。中胸小盾片平坦，附片短小，中部稍长于单眼直径；后胸淡膜区间距约等于淡膜区长径；后足胫节等长于跗节，基跗节稍长于其后3个跗分节之和；爪内齿很短，远离外齿；前翅cu-a脉中位，1R1室和1Rs室合并，2Rs室外下角微弱延伸，基臀室封闭；后翅M室封闭，臀室具柄式，柄长0.6倍于cu-a脉。下生殖板长约等于宽，端部钝截形；抱器长约等于宽，明显倾斜；阳茎瓣头叶狭窄，近似剃刀形，向基部稍扩大，端刺突短小，侧突长。

雌虫：体长6.2 mm；体色和构造类似雄虫，但触角较细，翅基片内侧黑斑较小，腹部第2、第3背板白色膜斑小型，各足胫节基部黄褐色；锯鞘端较宽，端部窄圆；锯腹片16锯刃，锯刃显著倾斜突出，端部圆钝，无内侧亚基齿，外侧亚基齿约3枚，刃间膜几乎平直。

正模：♂，浙江天目山仙人顶，119°25′25″E，30°20′58″N，1 443 m，2014. Ⅳ. 14，刘婷，余欣杰。

副模：1♀，浙江天目山老殿，119.43°E，30.34°N，1 140 m，2014. Ⅳ. 9–10，李泽建。

词源：本种唇基明显较短，以此命名。

分布：浙江（天目山）。

鉴别特征：本种与张氏斑腹叶蜂 *Empria zhangi* Wei & Yan, 2009、沟额斑腹叶蜂 *Empria sulcata* Wei & Nie, 1998 等稍近似，但本种唇基大部光滑，光泽强，仅基部和两侧具少许刻点；翅基片内侧部分黑褐色；后足胫节浅褐色，背侧亚基部至端部逐渐黑褐色；颚眼距雌虫1.2倍于、雄虫等宽于单眼直径；阳茎瓣头叶狭窄；锯腹片锯刃显著倾斜，无明显亚基齿；雌虫腹部背板无明显膜斑，雄虫第2、第3背板具膜斑等，与后者差别较大。

499 长颊斑腹叶蜂，新种 *Empria longigena* Wei, sp. nov.

雌虫：体长 7.0 mm；体黑色，前胸背板后缘宽边、翅基片全部、淡膜区白色，腹部第 2 和第 3 背板两侧具显著白色膜斑，各节背板和腹板的后缘狭边浅褐色；足黑色，前足股节前侧端部 1/3、前足胫节基部 1/3 和前侧全部、中后足胫节基部 2/3 和基跗节基部 2/3 黄褐色；体毛浅褐色；前翅均匀淡烟褐色，翅痣和翅脉黑褐色，后翅几乎完全透明。

唇基刻点粗糙密集，无显著光泽；内眶大部、触角窝至单眼之间区域刻纹较粗密，上眶和单眼后区大部光滑；前胸背板较光滑；中胸背板前叶大部和侧叶顶部具细小刻点，小盾片和附片刻点不明显，后胸背板光滑；中胸前侧片上部刻点极细小浅弱，腹侧刻点稍明显，后上侧片具细刻纹，后下侧片大部光滑，后胸侧板刻纹微弱；腹部各节背板均具弱刻纹。

唇基长，中齿显著；复眼下缘间距明显宽于复眼长径，颚眼距 1.5 倍于中单眼直径；中窝小深，额区微弱隆起，中部具浅弱纵沟，额脊模糊；单眼中沟深，后沟细浅；单眼后区稍隆起，宽长比等于 3，侧沟短浅，向后微弱分歧；后头短，两侧显著收缩，后颊脊明显，伸至后眶上端；触角细丝状，显著短于腹部，第 2 节宽大于长，第 3 节微长于第 4 节，稍长于复眼横径，第 8 节长宽比约等于 2。中胸小盾片平坦，附片短小，中部长约等于单眼直径；后胸淡膜区间距约等于淡膜区长径；后足胫节等长于跗节，基跗节稍短于其后 4 跗分节之和；爪内齿短小，远离外齿；前翅 cu-a 脉中位，1R1 室和 1Rs 室合并，2Rs 室外下角强烈延伸，基臀室封闭；后翅 M 室封闭，臀室具柄式，柄长 0.25 倍于 cu-a 脉。锯鞘约等长于前足跗节，锯鞘端较窄，长 1.2 倍于锯鞘基，端部窄圆；锯腹片 16 锯刃，锯刃倾斜突出，端部圆钝，亚基齿内侧 1 枚，外侧 3~4 枚，刃间膜弧形鼓凸。

雄虫：体长 6.0~6.2 mm；体色和构造类似雌虫，但触角粗壮，强烈侧扁，第 4 节长宽比微大于 2，明显宽于第 2 节；后翅臀室柄长约 0.4 倍于 cu-a 脉；下生殖板长约等于宽，端部圆钝；抱器长大于宽；阳茎瓣头叶端部较窄，向基部逐渐扩大，端刺突显著。

正模：♀，浙江天目山开山老殿，119°26′05″E，30°20′33″N，1 142 m，2014. Ⅳ. 9，聂海燕，胡平。

副模：4♀♀3♂♂，数据同正模；6♀♀，浙江天目山开山老殿，119°26′05″E，30°20′57″N，1 106 m，2015. Ⅳ. 4，刘萌萌，刘琳；1♀，浙江天目山老殿，119.43°E，30.34°N，1 140 m，2014. Ⅳ. 9–10，李泽建；1♀，浙江天目山老殿，119.433°E，30.343°N，1 106 m，2015. Ⅳ. 4–5，李泽建；1♀，浙江天目山开山老殿，119°26′05″E，30°20′33″N，1 142 m，2014. Ⅳ. 11，胡平，刘婷；1♀，浙江天目山老殿，119.433°E，30.343°N，1 106 m，2018. Ⅳ. 19，李泽建，刘萌萌，姬婷婷；1♂，浙江天目山老殿，119.433°E，30.343°N，405 m，2018. Ⅳ. 1，刘萌萌，高凯文，姬婷婷；1♂，浙江天目

a. 雌虫头部前面观；b. 雌虫头部背面观；c. 产卵器；d. 锯腹片 5~8 锯刃；e. 阳茎瓣；f. 生殖铗。

长颊斑腹叶蜂，新种 *Empria longigena* Wei, sp. nov.

山老殿，119.433°E，30.343°N，405 m，2018. Ⅲ. 31，刘萌萌，高凯文，姬婷婷；2♂♂，浙江西天目山南大门，119.44°E，30.36°，380 m，2014. Ⅲ. 25–Ⅳ. 9，叶岚，李泽建；1♀2♂♂，浙江天目山开山老殿，119°26′05″E，30°20′57″N，1 106 m，2015. Ⅳ. 4，肖炜。

词源： 本种颚眼距明显较近缘种长，以此命名。

分布： 浙江（天目山）。

鉴别特征： 本种与张氏斑腹叶蜂 *Empria zhangae* 很近似，且同域分布，但本种颚眼距 1.5 倍于单眼直径，触角短于腹部，与后者不同。

500 浙江歧爪叶蜂，新种 *Nagamasaia stenoscutella* Wei & Li, sp. nov.

雌虫： 体长 17~18 mm；体和足大部黑色，以下部分黄白色：唇基、上唇、上颚除端部外、口须、唇基上区前缘、触角第 6 节端部 2/3、7~9 节全部、前胸背板后缘宽边、翅基片、中胸前上侧片、小盾片大部、后小盾片、后胸淡膜区、腹部第 1 背板中部膜区、第 2 背板两侧大斑、向后逐渐变小的第 3~7 背板气门处斑、2~6 背板后缘狭边、第 8 背板中部大斑、第 10 背板后缘三角形斑、向后逐渐变小的 2~6 腹板中部斑、第 7 腹板后缘、各足基节端缘、转节、各足胫节基部 2/3 和各足跗节大部；体毛浅褐色；前翅均匀微弱烟褐色，翅痣和翅脉黑褐色，翅痣基部具微小淡斑，后翅透明。

体毛短于单眼直径 1/3。头部背侧刻点细小稀疏，额区具微细刻纹，唇基和上唇具稍大的浅弱刻点；中胸背板刻点稍密、细小，小盾片刻点较大，中部较密，两侧稍稀疏，表面有光泽，附片具稀疏刻点，后小盾片刻点明显，后胸后背板具细弱刻纹；中胸前侧片上半部刻点和粗刻纹密集，下半部刻点细小，较稀疏，后侧片和后胸侧板大部具密集刻纹，后缘光滑；腹部各节背板具细密刻纹。

唇基较宽大，前缘较厚，缺口深 0.4 倍于唇基长，底部圆钝，侧角突出；上唇端部突出；颚眼距 0.9 倍于单眼直径，复眼内缘向下稍收敛，间距 1.2 倍于复眼长径；中窝深，额区稍凹，侧脊向前显著分歧；单眼中沟短，后沟模糊，单复眼距约等长于单眼后头距；单眼后区宽稍大于长，侧沟微弱弧形弯曲，几乎互相平行；背面观后头两侧微弱膨大，长 0.8 倍于复眼；触角长稍短于腹部，等于头胸部与腹部第 1、第 2 背板长度之和，中部微弱膨大，第 3 节短于第 4 节。中胸小盾片长大于宽，前缘中部明显突出，端部较尖；后足基跗节等长于其后 4 跗分节之和，爪内齿十分粗长，宽于柄长于外齿 2 倍。锯鞘长 0.9 倍于后足股节长，锯鞘端稍长于锯鞘基；锯腹片窄长，中部微宽，节缝垂直，刺毛带窄，中部锯节的纹孔线向下几乎不分歧；锯刃平台状突出，亚基齿较大，内侧 1 枚，外侧 4~5 枚，刃间膜弱弧形弯曲。

雄虫： 体长 13 mm；体色、刻点、构造与雌虫几乎相同，仅后头较短；下生殖板宽微大于长，端部圆；抱器基部宽大，端部狭窄突出，副阳茎较小，内侧肩部稍倾斜，阳基腹铗内叶瘦长；阳茎瓣头叶背顶缘较窄，强烈弯曲，端腹侧突较短小。

正模： ♀，浙江泰顺乌岩岭石佛岭，27.735°N，119.675°E，1 045 m，2023. Ⅴ. 14，张海龙。

副模： 1♀1♂，浙江泰顺乌岩岭白云凹，27.731°N，119.671°E，1 066 m，2023. Ⅴ. 16，张海龙。

词源： 本种小盾片较窄，以此命名。

分布： 浙江（乌岩岭）。

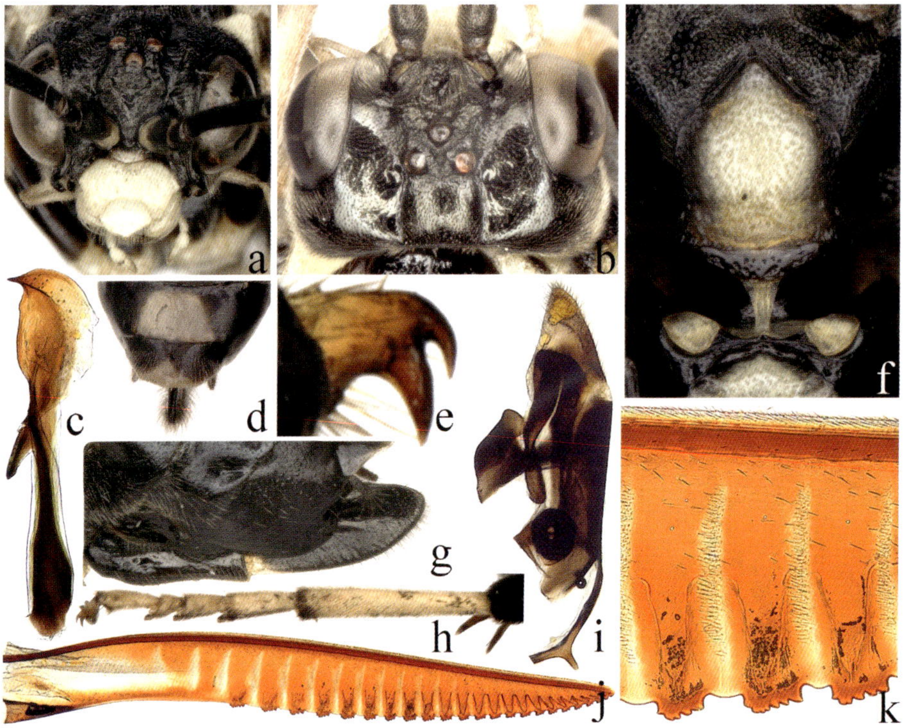

a. 雌虫头部前面观；b. 雌虫头部背面观；c. 阳茎瓣；d. 雌虫腹部端部；e. 爪；
f. 雌虫中胸小盾片和淡膜区；g. 锯鞘侧面观；h. 雌虫后足胫节端距和跗节；i. 生殖铗；
j. 锯腹片；k. 第 7~9 锯节。

浙江歧爪叶蜂，新种 *Nagamasaia stenoscutella* Wei & Li, sp. nov.

鉴别特征：本种与云南分布的中华歧爪叶蜂 *Nagamasaia sinica* Wei 非常近似，但本种中胸小盾片窄长，前端锐角状突出；锯腹片中部锯节的纹孔线向下几乎不分歧；阳茎瓣头叶较窄，背顶角薄，端腹侧突明显较短等，容易鉴别。本种与属模式种 *Nagamasaia leucopoda* Togashi 的差别是：各足基节除端缘外和各足股节几乎全部黑色，触角第 6 节基部黑色，腹部第 10 背板淡斑不明显；头部背面观在复眼后的部分明显短于复眼，单眼后区宽明显大于长，单复眼距约等长于单眼后头距；后足基跗节等长于其后 4 个跗分节之和。

501 粗壮光柄叶蜂，新种 *Tenthredo robusta* Wei, sp. nov.

雌虫：体长 15.5 mm；头部淡黄褐色，背侧具大黑斑，内眶中下部和额区全部黑色，后眶边缘黑色；胸部黑色，前胸背板两侧沟前部、后缘哑铃形斑、前胸侧板后缘、前胸腹板边缘、翅基片、中胸背板前叶后端、侧叶中部内侧小斑和后内角、小盾片全部、附片两侧、后小盾片、后胸后背板大部、中胸前侧片上部大斑、后胸前侧片大部淡黄褐色；腹部黑色，第 1 背板后缘宽带、2~5 背板后缘、5~7 背板中部扁长三角形斑、8~9 背板中部和第 10 背板大部、各节背板缘折、各节腹板后部（向后逐渐加宽）、锯鞘除边缘外、尾须淡黄褐色；足黄褐色，后足基节后侧基半部、中足股节背侧端部小斑、后足股节背侧端部大斑、中足胫节末端小斑、后足胫节端部和后足跗节黑色；体毛银色，鞘毛暗褐色；翅大部透明，前翅端部斜斑烟褐色，后翅端缘浅烟褐色，翅痣暗褐色，翅脉大部黑褐色。

体毛短。头部背侧、小盾片、附片、中胸后侧片光滑，唇基和上唇刻点浅、大、稀疏，后眶刻点细弱模糊，颚眼距具微细刻纹；中胸背板前叶和侧叶顶部具细小刻点，中胸前侧片上半部具明显细刻纹和油质光泽，腹侧刻点细小、浅弱；腹部各节背板均具细弱刻纹。

体型十分粗壮。唇基平坦，端部具浅弧形缺口，深约为唇基 1/4 长，侧角圆钝；上唇宽圆，端部弧形，唇根露出；颚眼距等长于单眼半径；复眼内缘向下强烈收敛，下缘间距 0.5 倍于复眼长径，内眶中部稍陡；触角窝上突平坦，仅端部隆起；中窝区平坦，中部具低弱纵脊；额区平坦，无额脊；单眼后区稍隆起，宽长比等于 1.4；侧沟微弱弯曲，向后近似平行；单眼后沟细浅，中沟短深；背面观后头长 0.5 倍于复眼，侧缘稍收缩；后颊脊较低，全缘式，单眼后区后缘脊明显；后眶中部微宽于复眼横径 1/2；触角丝状，等长于腹部和前翅 C 脉，第 2 节长大于宽，第 3 节长 1.27 倍于第 4 节，第 8 节长宽比等于 2。小盾片圆钝隆起，无横脊和纵脊；附片具明显中脊，两侧明显凹入；后胸淡膜区间距 1.8 倍于淡膜区长径；中胸前侧片中部锥形隆起，顶端尖出，无腹刺突；前翅 cu-a 脉交于 1M 室下缘基部 1/3，后翅臀室具短柄，柄长约 0.2 倍于 cu-a 脉长；后足胫节稍短于跗节，内端距 0.65 倍于基跗节长；基跗节不膨大，等长于其后 3 跗分节长度之和，跗垫较小；爪无基片，内齿短于外齿。腹部第 1 背板窄于第 2 背板，第 7 腹板中突小，侧缘平直；产卵器等长于中足胫节，锯鞘端 1.4 倍于锯鞘基长，端部窄圆；锯腹片较窄，约 28 节，中部锯刃近三角形突出，稍倾斜，具 1 个稍大的内侧亚基齿和 6~8 枚外侧亚基齿，刃间段明显倾斜，短于锯刃；节缝刺毛短小稀疏，不明显呈带状，每节具纹孔 1 对，纹孔线下域高大于宽，纹孔线几乎平行。

雄虫：未知。

正模：♀，浙江临安西天目山禅源寺，30.322°N，119.443°E，362 m，2019. Ⅴ. 5，

a. 头部和胸部前段背面观；b. 头部前面观；c. 锯腹片中部锯刃；d. 锯腹片。

粗壮光柄叶蜂，新种 *Tenthredo robusta* **Wei, sp. nov.**，雌虫，正模

李泽建，李秀芳，姬婷婷。

副模：1♀，数据同正模；1♀，江西井冈山，2023.Ⅳ.30，魏美才。

词源：本种体型十分粗壮，野外采集时观感尤甚，以此命名。

分布：浙江（天目山），江西（井冈山）。

变异：副模头部上眶内侧和单眼后区全部黑色，胸部侧板淡斑稍小。

鉴别特征：本种体色和外形近似平盾平柄叶蜂 *T. flatoscutellerila* Wei & Nie, 2003，但本种体型粗壮，触角窝上突前端隆起，中胸侧板中部具高锐尖突，小盾片明显隆起，全部黄白色，唇基缺口浅，锯腹片侧面刺毛短小稀疏，不呈带状，中部锯刃强烈突出等，容易与之鉴别。

502 黄胫额潜叶蜂，新种 *Sinoscolia tibialis* Wei, sp. nov.

雌虫：体长 4.5 mm；体黑色，上唇黑褐色，各足股节端半部、各足胫节和跗节全部浅黄褐色；翅浅烟灰色透明，翅痣、前缘脉、Sc+R 脉后半侧黑褐色，Sc+R 脉前半侧褐色，其余翅脉暗褐色；体毛和鞘毛浅褐色。

体粗短，后眶大部具稍密集的浅弱刻点和模糊刻纹，前胸背板背侧刻点细小、密集，小盾片后缘具少量模糊刻点，腹部背板无明显细刻纹；头部背侧细毛短于单眼直径，中胸背板刺毛极为稀疏，大部光裸；中胸前侧片腹侧半部光裸无毛。背面观触角窝之间平坦；唇基前缘具极浅弧形缺口；左上颚第 3 齿低弱；颚眼距 0.5 倍于侧单眼直径；复眼内缘向下稍收敛，下缘间距 1.2 倍于复眼长径；中窝十分宽大，底部平坦，稍大于额区；侧窝小，稍弯；额区明显鼓出，高出复眼顶面，中部凹，额脊低钝但完整，前缘脊稍低；额区明显窄于复眼与额脊距离；中单眼环沟细浅，无中单眼前凹，单眼中沟浅宽，单眼后沟细弱，弧形弯曲；后单眼距：单复眼距：单眼后头距 =6 : 5 : 3；单眼后区隆起，宽长比稍大于 2，具浅弱中纵沟；侧沟短宽，后端渐宽深，互相近似平行；后头短，两侧明显收缩，后颊脊伸达上眶顶部；触角细丝状，长 1.7 倍于头宽，第 2 节长宽比等于 2，等长于柄节主体，第 3 节长 1.5 倍于第 4 节，第 8 节显著短于第 9 节，长宽比稍小于 2。中胸背板前叶中纵沟细浅；后胸淡膜区间距 0.7 倍于淡膜区长径；中胸侧板无胸腹侧片；后足胫节稍长于跗节，胫节端距稍短于胫节端部宽；后基跗节稍长于其后 3 节之和；爪无内齿，爪基片发达，端齿狭长；前翅 R+M 脉段短小，1M 脉中部弱弧形弯曲，2Rs 室约等长于或微长于 1Rs+1R1 室之和，Rs 脉第 1 段痕状，cu-a 脉中位微偏内侧，2r 脉直，等长于翅痣宽度，交于 2Rs 室末端；后翅臀室柄长约 2 倍于臀室宽，1.7 倍于 cu-a 脉长。腹部第 1 背板中部膜区三角形；锯鞘短于前足胫节，锯鞘端稍短于锯鞘基，侧面观腹缘弧形，端缘钝截形，鞘毛长且明显弧形弯曲；锯腹片窄长，13 刃，刃间膜窄，锯刃弧形倾斜突出，亚基齿细小。

雄虫：体长 3.5 mm；体色与雌虫相同，构造稍有不同：复眼大型，下缘间距 0.8 倍于复眼长径，颚眼距近线状；下生殖板长稍大于宽，端部圆钝；抱器对称，宽大于长，端部圆，副阳茎小，近似三角形；阳茎瓣头叶倾斜，端部腹侧突显著，无背侧突。

正模：♀，浙江临安西天目山禅源寺，30.323°N，119.442°E，405 m，2021. Ⅳ . 19，李泽建、刘萌萌。

副模：18♀♀7♂♂，湖南张家界杨家界八里坡，912 m，2017. Ⅳ . 12，刘琳。

词源：本种种加词 *tibialis*，强调其后足胫节黄褐色。

分布：浙江（天目山），湖南（张家界）。

鉴别特征：本种翅基片黑色，各足股节端半部和胫节全部黄褐色，触角第 2 节等长于柄节主体，阳茎瓣头叶较宽，端部无背侧突，腹侧端突三角形等，与本属已知两种差异显著，容易鉴别。

a. 雌虫头部和触角侧面观；b. 锯鞘侧面观；c. 雌虫头部和胸部前端背面观；
d. 锯腹片第 5~7 锯刃；e. 阳茎瓣；f. 生殖铗。

黄胫额潜叶蜂，新种 *Sinoscolia tibialis* Wei, sp. nov.

五、扁蜂科 Pamphiliidae

503 志成齿扁蜂，新种 *Onycholyda zhichengi* Wei, sp. nov.

雌虫： 体长 9~10 mm；体黑色，唇基端部、上颚大部、口须、内眶上部和上眶连续的窄条斑、后头上缘短横斑、单眼盆前侧 1 对小斑、前胸背板后缘狭边、翅基片、小盾片后部横带、中胸前侧片上缘黄色；触角基部 2 节黑色，鞭节黑褐色；腹部 2~5 背板和 2~6 腹板黄褐色；足黄褐色，基节基部黑色；翅透明，微带烟黄色光泽，前缘脉和翅痣基部小点斑黄褐色，翅痣除基部点斑外黑色，翅的基半部翅脉黄褐色，向端部渐变暗褐色；体毛大部黄褐色，鞘毛黑褐色。

唇基大部特别是前缘具稍密集的粗浅刻点，唇基两侧凹部具细密刻纹；头部其余部分表面光滑，单眼后区和上眶具极稀疏的细小刻点；中胸背板光滑，侧叶后部具稀疏的细小刻点；中后胸前侧片具稀疏浅弱大刻点，后侧片具细密刻纹；腹部背板光滑无刻纹；头部背侧大部光裸无毛，两侧和后缘具稀疏短细毛，中胸侧板细毛明显弯曲，不长于单眼直径。

左上颚二齿式，外齿瘦长，内侧中部无中齿；唇基中部稍突出，端缘钝截形，中纵脊低弱，侧角圆钝；颚眼距长 1.5 倍于侧单眼直径；复眼较小，椭圆形，内缘向下强烈分歧，下缘间距 2.4 倍于复眼长径；单眼前的额区不明显隆起，明显低于单眼顶面，中窝小，明显，内眶脊模糊；单眼中沟侧臂长，但不包围中单眼，单眼后沟细浅，内眶上部横沟宽浅；触角窝上沟和单眼后区侧沟相连，窄深；后头两侧强烈收缩；单眼后区长明显大于宽，稍鼓起，具微弱中纵沟，侧沟向后明显收敛；后颊脊发达，伸至单眼后区两侧角；触角 22 节，第 2 节长宽比等于 2，第 3 节弱弧形弯曲，稍短于第 1 节，等长于第 4 节、第 5 节之和，中部鞭分节长宽比约等于 2。中胸背板前叶中沟显著，小盾片后半部无中纵沟；爪基片宽大，内齿稍短于外齿；前翅 C 室具密毛，Sc1 室前部 2/3 具密毛，后部 1/3 光裸，Sc2 室光裸；后翅臀室柄约 0.8 倍于 cu-a 脉长。锯鞘端缘弧形突出，锯鞘栓不显著。

雄虫： 未知。

正模： ♀，浙江庆元巾子峰桃花廊，27.685°N，119.011°E，530 m，2023. Ⅳ. 10，李泽建，朱志成。

副模： 1♀，浙江龙泉凤阳山沙田村，27.934°N，119.183°E，756 m，2023. Ⅳ. 15，李泽建，刘明轩。

词源： 本种以正模标本采集人之一朱志成的名字命名。

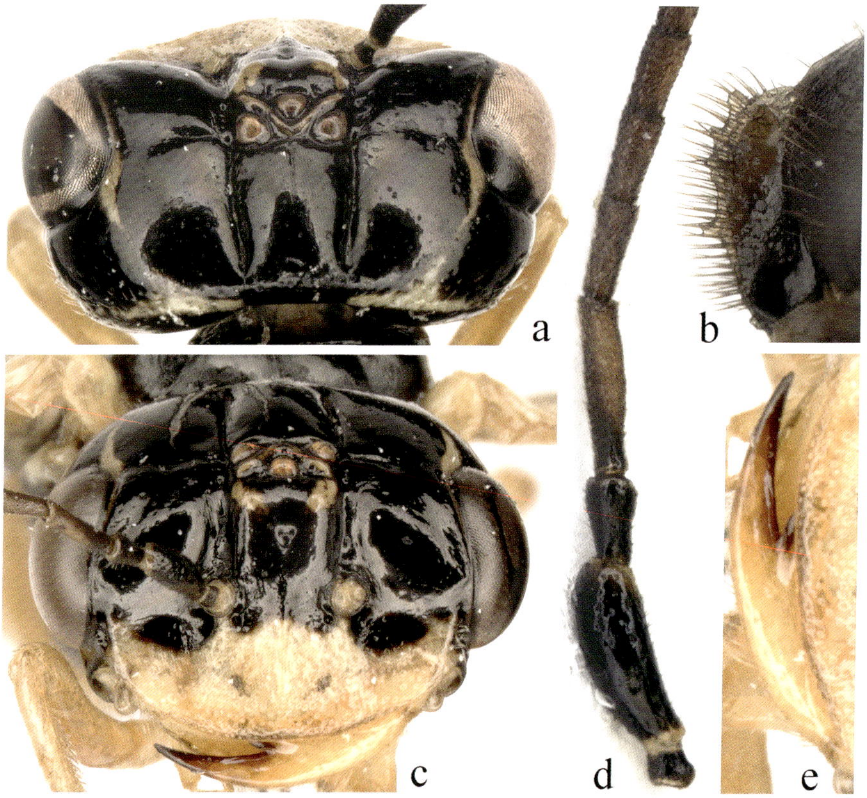

a. 头部背面观；b. 锯鞘侧面观；c. 头部前面观；d. 触角基部 6 节；e. 左上颚（局部）。

志成齿扁蜂，新种 *Onycholyda zhichengi* Wei, sp. nov.，雌虫

分布：浙江（百山祖、凤阳山）。

鉴别特征：本种与 *O. flavicostalis* Shinohara 以及 *O. shaanxiana* Shinohara 近似，但本种额区和触角窝间区域黑色，仅额区前侧具点状淡斑，中胸背板前叶全部黑色，小盾片仅后部具淡色横带；触角第 3 节弧形弯曲，短于第 1 节，等长于第 4、第 5 节之和；唇基前缘中部 1/3 明显突出，中纵脊较低但完整，中部不凹；中胸前侧片刻点稀疏浅弱，上缘狭边黄色，翅痣基部具明显的点状黄斑等，与后两种不同。

六、茎蜂科 Cephidae

504 黑鞭简脉茎蜂，新种 *Janus nigroflagella* Wei, sp. nov.

雌虫：体长 12.5 mm（包括锯鞘）。头部亮黄色，背侧具大黑斑，覆盖中窝和侧窝、额区、单眼后区、内眶和上眶部分，头部后侧黑色；触角柄节和梗节黄褐色，鞭节黑色；胸部大部黑色，前胸背板后缘、翅基片、小盾片、淡膜区痕迹、中胸前上侧片、中胸前侧片上部条斑黄色；腹部红褐色，第 1 背板基部黑色，锯鞘端暗褐色至黑褐色；各足基节除基缘黑色部分外、前中足转节、前中足股节黄色，后足转节和股节黑褐色，前中足胫节和跗节黄褐色，后足胫节和跗节橘褐色；体毛黄褐色；前翅均匀淡烟褐色，前缘脉和翅痣前缘浅褐色，翅痣其余部分和其余翅脉大部黑褐色。

头部光滑，背侧局部具极微细刻点；前胸背板大部光滑，后缘和中胸侧板下半部具极微细刻点，中胸背板包括小盾片刻点较细小，稍密集；腹部光滑，无明显刻纹。

颚眼距稍长于单眼直径，大部凹陷；复眼下缘间距 1.2 倍于复眼长径，前幕骨陷间距 1.8 倍于前幕骨陷与触角窝间距，颜面均匀微鼓起；触角窝间距稍短于触角窝 – 前幕骨陷间距（1∶1.2）；背面观后头稍延长，两侧明显收缩，长 0.8 倍于复眼，头部后缘中部稍凹入；中窝底部具浅弱纵沟，额区中部具浅纵沟；无单眼中沟，单眼后沟不完整；OOL∶POL∶POL=4∶3∶8；触角 28 节，第 1 节长显著大于宽，第 2 节长等于宽，第 3 节长 1.2 倍于第 4 节，次末节长等于宽。前胸背板宽显著大于长，中部后缘角状凹入，侧缘附片窄叶片状突出；中胸背板前叶具明显的中纵沟；中足具 1 个亚端距，后足胫节具 2 个亚端距，内端距稍长于外端距；爪内齿长于外齿，靠近爪基片；前翅 Rs 脉第 1 段（1M 室背柄）短于第 2 段，2R1 室高明显大于宽，1r 脉完整，交于翅痣下缘基部 1/6 处，2r 脉交于翅痣下缘 1/2 处，长约等于 R 脉第 4 段，1Rs 室短于 2Rs 室，2Rs 室外缘直，内下角显著内倾，2 m-cu 脉交于 2Rs 室内侧 0.4；后翅 Rs 和 M 室均封闭，近似等长。腹部明显侧扁；侧面观产卵器长等于腹部高，锯鞘端不弯曲，向端部收窄，长约 0.7 倍于锯鞘基，无明显的侧纵脊，尾须长约 0.2 倍于锯鞘端；锯刃方齿形。

正模：♀，浙江龙泉凤阳山，27.884°N，119.174°E，1 500 m，2023. Ⅳ . 17，李泽建，刘明轩。

词源：本种触角鞭节黑色，与近缘种有明显差异，以此命名。

分布：浙江（凤阳山）。

鉴别特征：本种与杜鹃简脉茎蜂 *Janus dujuan* Wei, 2023 比较近似，但本种雌虫触角部 2 节黄褐色，鞭节全部黑色；前翅 Rs 脉第 1 段明显短于 Rs 脉第 2 段，2r 脉长约等于 R 脉第 4 段；后翅 Rs 室约等长于 M 室；锯鞘端不弯曲；后足基跗节全部橘褐色等，与后者明显不同。

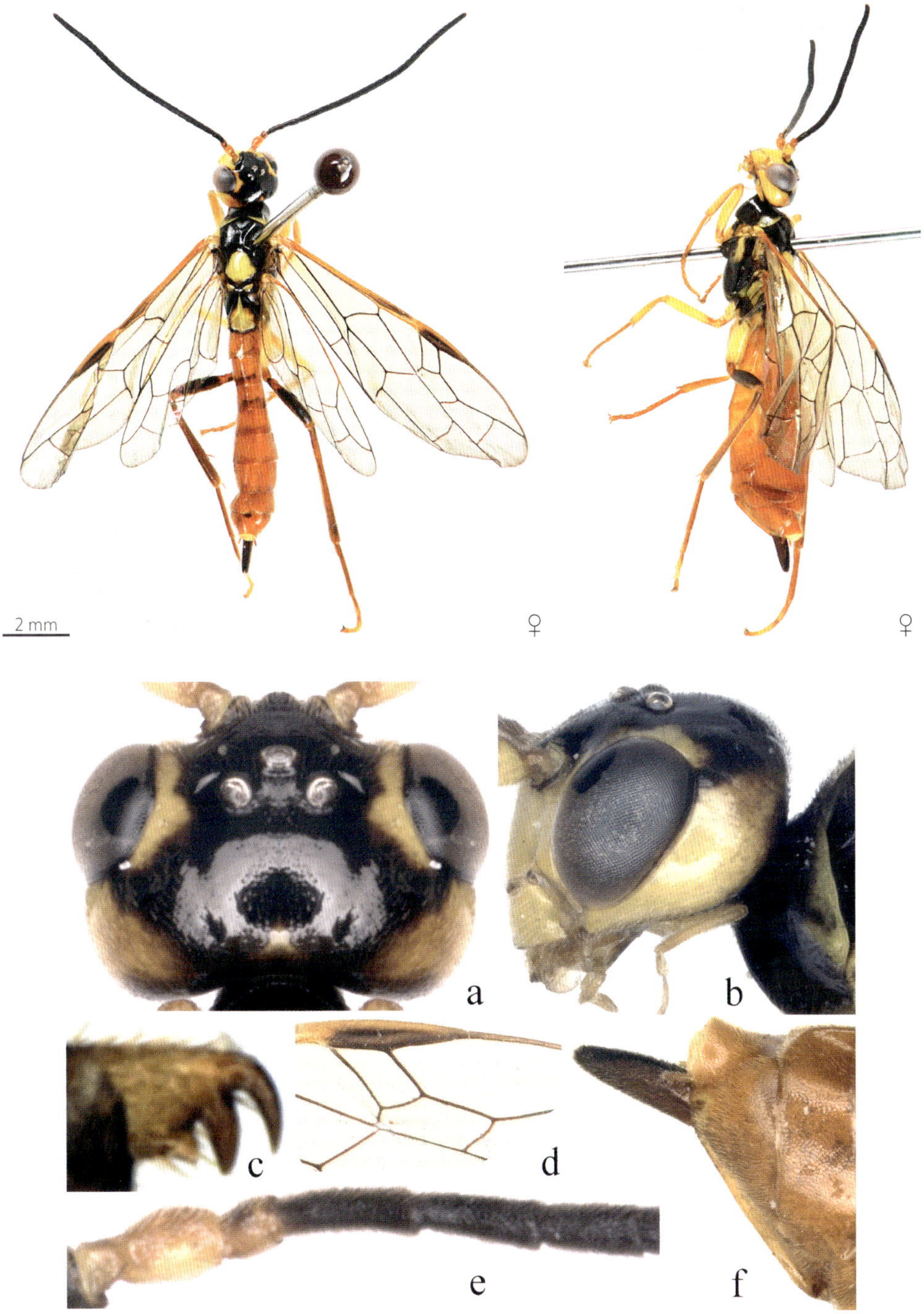

a. 头部背面观；b. 头部侧面观；c. 爪；d. 前翅翅痣和附近翅脉；e. 触角基部 5 节；f. 腹部端部。

黑鞭简脉茎蜂，新种 *Janus nigroflagella* Wei, sp. nov.，雌虫，正模

中文名称索引

D

J

K

L

M

N

P

Q

R

S

T

W

X

Y

Z

拉丁学名索引

A

B

C

O

P

R

S

T

参考文献

陈小荣，周荣飞，朱志成，等，2023. 中国浙江钩瓣叶蜂属一新纪录种 . 中南农业科技，44(1)：65–68.

陈小荣，朱志成，吴家连，等，2022. 浙江深碟钩瓣叶蜂种团一新记录种：侧斑钩瓣叶蜂 . 浙江林业科技，42(5)：107–110.

李泽建，刘萌萌，牛耕耘，等，2022. 危害鹅掌楸的中国巨基叶蜂属（膜翅目：叶蜂科）一新种 . 林业科学，58(4)：104–109.

刘萌萌，李泽建，唐也，等，2019. 危害白榆的中国突瓣叶蜂属（膜翅目：叶蜂科）一新种 . 林业科学，55(6)：74–80.

刘萌萌，李泽建，闫家河，等，2018. 危害欧美杨的中国厚爪叶蜂属（膜翅目：叶蜂科）一新种 . 林业科学，54(6)：94–99.

刘萌萌，虞国跃，李泽建，等，2023. 危害栓皮栎的中国突瓣叶蜂属（膜翅目：叶蜂科）一新种 . 林业科学，59(2)：107–111.

刘萌萌，刘明轩，牟玉杰，等，2024. 危害柳树的小须突瓣叶蜂（膜翅目：叶蜂科）有效种名修订 . 林业科学，60 (6)：102–110.

牛耕耘，肖炜，魏美才，2021. 巨棒蜂属（膜翅目：棒蜂科）一新种暨巨棒蜂属亚洲种类检索表 . 林业科学，57(5)：160–164.

牛耕耘，李东宾，谭贝贝，等，2023. 危害云锦杜鹃的简脉茎蜂属一新种（膜翅目：茎蜂科）及系统学意义 . 林业科学，59(3)：145–151.

魏美才，2024. 浙江昆虫志 第十四卷 膜翅目“广腰亚目”. 北京：科学出版社：1–812.

吴素美，朱志成，胡平，等，2023. 中国突刃槌腹叶蜂种团（膜翅目：叶蜂科）浙江一新记录种 . 浙江林业科技，43(1)：104–107.

肖刚柔，2002. 中国扁叶蜂（膜翅目：扁叶蜂科）. 北京：中国林业出版社：1–123.

徐必，晏毓晨，戴海英，等，2022. 福建细锤角叶蜂属（膜翅目，锤角叶蜂科）一新记录种 . 浙江林业科技，42(6)：106–109.

晏毓晨，李泽建，黎桂鸿，等，2020. 危害短梗稠李的中国丑锤角叶蜂属（膜翅目：锤角叶蜂科）一新种 . 林业科学，56(5)：107–114.

朱志成，陈小荣，肖炜，等，2022. 浙江叶蜂属（膜翅目，叶蜂科）一新记录种：斑腹平斑叶蜂 . 浙江林业科技，42(6)：110–113.

朱志成，徐必，刘萌萌，等，2023. 中国深碟钩瓣叶蜂种团（膜翅目，叶蜂科）浙江省一新记录种 . 中南农业科技，44（2）：133–135.

Benson R B, 1954. Some sawflies of the European Alps and the Mediterranean region (Hymenoptera: Symphyta). Bulletin of the British Museum (Natural History), Entomology, 3 (7): 267-295.

Blank S M, Kramp K, Smith D R, et al., 2017. Big and beautiful: *Megaxyela* species (Hymenoptera, Xyelidae) of East Asia and North America. European Journal of Taxonomy, 348: 1-46.

Chen Y P, Wu R X, Wei M C, 2020. Two new species of *Arge* Schrank (Hymenoptera: Argidae) from China. Entomotaxonomia, 42 (1): 50-56.

Li Z J, Liu M M, Wei M C, 2017. Two new species of genus *Macrophya* Dahlbom (Hymenoptera: Tenthredinidae) from China. Entomotaxonomia, 39 (4): 300-308.

Li Z J, Wang H N, Liu M M, et al., 2022. A new species of *Gilpinia* Benson (Hymenoptera, Diprinidae) from Lishui, China. Journal of Hymenoptera Research, 89 (5): 61-71.

Liu M M, Chen X R, Zhu Z C, et al., 2023. A new species of *Macrophya coxalis* group (Hymenoptera, Tenthredinidae) with a revised key to Chinese species. Entomotaxonomia, 45 (1): 73-79.

Liu M M, He H, Li Z J, et al., 2024. Review of the *Aglaostigma sinense* group (Hymenoptera: Tenthredinidae) with descriptions of three new species from China. Entomotaxonomia, 46 (2): 147-159.

Liu M M, Li X F, Yang X J, et al., 2020. A new species of *Birka* Malaise (Hymenoptera: Tenthredinidae) with a key to species from China. Entomotaxonomia, 42 (3): 240-246.

Liu M M, Li Z J, Wei M C, 2021. A new species of *Pamphilius* Latreille, 1803 (Hymenoptera, Pamphiliidae, Pamphiliinae) from Mt. Tianmu, Zhejiang Province, China. Entomotaxonomia, 43 (4): 303-309.

Liu M M, Li Z J, Wei M C, 2021. A new species of the *Nematus septentrionalis* group (Hymenoptera, Tenthredinidae) from China. Entomotaxonomia, 43 (2): 157-162.

Liu M M, Li Z J, Wei M C, 2021. A new species of *Spinarge* Wei (Hymenoptera, Argidae) in Lishui City with a key to Chinese species. Entomotaxonomia, 43 (3): 230-236.

Liu M M, Li Z J, Wei M C, 2020. Key to the *Macrophya zhaoae* group (Hymenoptera: Tenthredinidae) with description of a new species from China. Alpine Entomology, 4 (6): 65-72.

Liu M M, Li Z J, Wei M C, 2021. Three new species of *Tenthredo* Linnaeus, 1758 (Hymenoptera, Tenthredinidae) from Zhejiang Province, China. Zoological Systematics, 46 (3): 225-233.

Liu M M, Li Z J, Wei M C, 2021. Review of *Strongylogaster* Dahlbom (Hymenoptera, Tenthredinidae) from Zhejiang Province, China with description of a new species. Zoologia, 38: 1-7.

Liu M M, Li Z J, Wei M C, 2022. Descriptions of four new species of Pamphiliidae (Hymenoptera) from Zhejiang Province, China. Entomotaxonomia, 44 (3): 203-214.

Luo X, He H M, Wei M C, 2019. A new species of *Athermantus* (Hymenoptera: Argidae) from China. Entomotaxonomia, 41 (4): 313-317.

Malm T, Nyman T, 2014. Phylogeny of the symphytan grade of Hymenoptera: new pieces into the old jigsaw(fly) puzzle. Cladistics: 1-17.

Niu G Y, Budak M, Korkmaz E M, et al., 2022. Phylogenomic Analyses of the Tenthredinoidea Support the Familial Rank of Athaliidae (Insecta, Tenthredinoidea). Insects, 13 (10): 1-25.

Niu G Y, Zhang Y Y, Li Z Y, et al., 2019. Characterization of the mitochondrial genome of *Analcellicampa xanthosoma* gen. et sp. nov. (Hymenoptera: Tenthredinidae). PeerJ, 7: e6866.

Ross H H, 1945. Sawfly genitalia: terminology and study techniques. Entomological News, 61 (10): 261-268.

Shinohara A, Wei M C, 2016. Leaf-rolling sawflies (Hymenoptera, Pamphiliidae, Pamphiliinae) of Tianmushan Mountains, Zhejiang Province, China. Zootaxa, 4072 (3): 301-318.

Sun Z M, Niu G Y, Song L D, et al., 2021. Review of *Alloxiphia* Wei (Hymenoptera: Xiphydriidae), with description of two new species from China. Zoological Systematics, 46 (4): 317-322.

Taeger A, Blank S M, Liston A D, 2010. World catalog of Symphyta (Hymenoptera). Zootaxa, 2580: 1-1064.

Takeuchi K, 1952. A Generic Classification of the Japanese Tenthredinidae (Hymenoptera: Symphyta). Kyoto: 90.

Tan B B, Liu L, Wei M C, 2022. Three new species of *Janus* Stephens (Hymenoptera: Cephidae) with a key to Zhejiang species, China. Entomotaxonomia, 44 (1): 72-79.

Viitasaari M, 2002. The Suborder Symphyta of the Hymenoptera. In: Viitasaari M (Ed.), Sawflies (Hymenoptera, Symphyta) I. A Review of the Suborder, the Western Palaearctic Taxa of Xyeloidea and Pamphilioidea. Tremex, Helsinki: 11-174.

Wan S Y, Wu D, Niu G Y, et al., 2022. *Arge aurora* Wei sp. nov. (Hymenoptera, Argidae) from China with a key to East Asian of *Arge nipponensis* group. Entomological Research, 52: 33-43.

Wang M, Rasnitsyn A P, Ren D, 2014. Two new fossil sawflies (Hymenoptera, Xyelidae, Xyelinae) from the Middle Jurassic of China. Acta Geologica Sinica (English Edition), 88 (4): 1027-1033.

Wu R X, Niu G Y, Wei M C, 2021. A new species of *Aprosthema* Konow (Hymenoptera: Argidae) with a key to Chinese species. Entomotaxonomia, 43 (3): 225-229.

Wu X Y, 2009. A new species of *Amauronematus* Konow (Hymenoptera: Tenthredinidae) from

China. Journal of Central South Forestry University: 98-101.

Xiao G R, Huang X Y, Zhou S Z, 1983. Sawflies of the genus *Diprion* from China (Hymenoptera, Symphyta: Diprionidae). (In Chinese, abstract in English). Scientia Silvae Sinicae, Beijing, 19 (3): 277-283.

Xiao W, Niu G Y, Wei M C, 2021. Review of some species of *Corrugia* (Hymenoptera: Tehthredinidae) with description of a new species and a revised key to world species. Entomotaxonomia, 43 (4): 310-321.

Yan Y C, Chen L, Li G H, et al., 2020. Two new species of the *Praia* Andre (Hymenoptera: Cimbicidae) from China. Entomotaxonomia, 42 (3): 231-239.

Yan Y C, Li J, Chen L, et al., 2021. Two new species of the *Leptocimbex grahami* group (Hymenoptera: Cimbicidae) in China. Entomotaxonomia, 43 (1): 38-45.

Yan Y C, Niu G Y, Zhang Y Y, et al., 2019. Complete mitochondrial genome sequence of *Labriocimbex sinicus*, a new genus and new species of Cimbicidae (Hymenoptera) from China. PeerJ, 7: e7853.

Zhang H L, Nie H Y, Zhu Z C, et al., 2023. Two new species of the *Macrophya ligustri* group in *Macrophya* Dahlbom (Hymenoptera, Tenthredinidae), China. Entomotaxonomia, 45 (4): 311-320.

Zhong Y H, Li Z J, Wei M C, 2020. A key and two new species of *Pachyprotasis flavipes* group (Hymenoptera: Tenthredinidae) from China. Entomotaxonomia, 42 (4): 319-328.